教育部高等学校文科计算机基础教学指导分委员会立项教材

GENERAL
EDUCATION

高等学校通识教育系列教材

大学计算机基础
学习与实验指导

荆霞　蔡淑珍　主编

唐伟　周萱　赵燕飞　副主编

U0318171

清华大学出版社
北　京

内 容 简 介

本书是与《大学计算机基础教程》配套的辅助教材,是计算机基础通识教育系列教材之一,分为学习指导篇和实验指导篇两个部分。学习指导篇主要内容包括计算机基础理论知识、Windows 7 操作系统和 Office 2010 办公软件涉及的基础理论知识的习题解析和自测题。实验指导篇包括 Windows 7 操作系统、文字处理软件 Word 2010、电子表格软件 Excel 2010、演示文稿制作软件 PowerPoint 2010、信息浏览与信息检索、电子邮件的使用。本书还提供上机综合练习供读者练习。

本书语言精练、循序渐进、结构清晰、图文并茂、易教易学、注重能力,不仅可以作为普通高等院校本、专科计算机专业的教材,也可以作为各类计算机培训班的教材,还可以作为各类人员自学或参加计算机等级考试的参考书。

图书在版编目(CIP)数据

大学计算机基础学习与实验指导/荆霞,蔡淑珍主编. —北京:清华大学出版社,2017(2019.7重印)
(高等学校通识教育系列教材)
ISBN 978-7-302-47638-2

Ⅰ. ①大… Ⅱ. ①荆… ②蔡… Ⅲ. ①电子计算机—高等学校—教学参考资料 Ⅳ. ①TP3

中国版本图书馆 CIP 数据核字(2017)第 155187 号

责任编辑:刘向威 梅栾芳
封面设计:文 静
责任校对:徐俊伟
责任印制:宋 林

出版发行:清华大学出版社
   网 址:http://www.tup.com.cn,http://www.wqbook.com
   地 址:北京清华大学学研大厦 A 座   邮 编:100084
   社 总 机:010-62770175   邮 购:010-62786544
   投稿与读者服务:010-62776969,c-service@tup.tsinghua.edu.cn
   质量反馈:010-62772015,zhiliang@tup.tsinghua.edu.cn
   课件下载:http://www.tup.com.cn,010-62795954
印 装 者:清华大学印刷厂
经 销:全国新华书店
开 本:185mm×260mm 印 张:12.5   字 数:312 千字
版 次:2017 年 9 月第 1 版   印 次:2019 年 7 月第 4 次印刷
印 数:8801~12900
定 价:35.00 元

产品编号:074142-01

前　言

在计算机技术和互联网飞速发展的时代,各种信息技术及手段不仅改变了人们的生活、工作方式,而且也改变了人们的思维方式。熟练掌握计算机信息处理的操作技能,已经成为人们学习、工作以及适应社会发展的必备条件之一。

本书是与《大学计算机基础教程》配套的辅助教材,根据教育部高等教育司指定的高等学校大学计算机教学基本要求,以及全国和江苏省的计算机等级考试大纲的要求,结合作者多年的教学实践经验编写而成。全书分为学习指导篇和实验指导篇两个部分。

在学习指导篇中,以章节为单位组织内容,跟配套的主教材章节对应,是对主教材每个章节知识的解析,包括对应章节的学习目标、典型例题解析和自测题。结构清晰,便于复习,有利于巩固教程知识的学习。

在实验指导篇中,以单元为单位组织内容,共分为 6 个单元,精选了 15 个实验、5 个实验作业、2 个上机综合练习。内容的选取侧重于培养学生实际使用计算机的能力,采用案例驱动的设计思想。实验安排按照"点—线—面"循序渐进的方式进行,"点"即验证性实验,每个单元中的实验一般均从基础实验项目开始;"线"即设计性实验,在相关实验以及实验作业中,应用某单元的知识点解决实际问题;"面"即综合性实验,上机综合练习中需应用到多个单元知识点解决实际问题。

本书由荆霞、蔡淑珍任主编,唐伟、周萱、赵燕飞任副主编。荆霞编写了学习指导篇第 8 章以及实验指导篇第 5 和第 6 单元;蔡淑珍编写了学习指导篇第 4~7 章以及实验指导篇第 2 单元;赵燕飞编写了实验指导篇第 1 单元;唐伟编写了实验指导篇第 3 单元;周萱编写了实验指导篇第 4 单元。另外,学习指导篇第 1 章由丛秋实编写,第 2 章由张艳编写,第 3 章由李娅编写。

在编写过程中,得到了南京审计大学教务委员会、工学院有关领导的大力支持,李希、孙卫、刘莹、王素云、吴国兵、王昕、包勇、沈虹、葛红美、杨章静、王瑜、徐超等提供了很多帮助,在此一并表示衷心感谢。

由于作者水平有限,书中难免有不足之处,真诚希望使用本书的读者提出宝贵意见或建议,以便今后进一步修订完善。

编　者
2017 年 5 月

目 录

第 2 篇　实验指导篇

第 1 篇　学习指导篇

第1章 计算机基础知识

1.1 学习目标

- 了解计算机的发展历程；
- 了解计算机的特点、应用与分类；
- 了解数据与信息的关系；
- 了解信息技术的内容；
- 掌握数据的计量单位；
- 掌握各种进位计数制之间的转换；
- 掌握数值信息在计算机中的表示；
- 掌握中西文信息在计算机中的表示；
- 了解多媒体的概念、特征；
- 了解声音、图形图像、视频信息的数字化方法；
- 了解数据压缩的方法；
- 了解计算机病毒的概念、分类、特征，以及防范措施。

1.2 例题解析

1. 现代微型计算机中所采用的电子器件是_____。

   A. 真空管　　　　B. 电子管　　　　C. 晶体管　　　　D. 集成电路

【答案】　D

【解析】　计算机采用的电子器件：第一代是电子管，第二代是晶体管，第三代是中小规模集成电路，第四代是大规模和超大规模集成电路。现代计算机属于第四代计算机，采用的电子器件为大规模和超大规模集成电路。

2. 目前计算机应用于生活和工作的方方面面，情报检索是计算机在_____方面的一项应用。

   A. 科学计算　　　　B. 信息处理　　　　C. 过程控制　　　　D. 人工智能

【答案】　B

【解析】　信息处理是指对各种数据进行收集、存储、整理、分类、统计、加工、利用和传播等一系列活动的统称。目前，信息处理已广泛地应用于办公自动化、企事业单位计算机辅助管理与决策、情报检索等。

3. 已知某台式计算机的内存容量为 8GB,硬盘容量为 1TB,则硬盘容量是内存容量的_____倍。

  A. 100   B. 128   C. 100 000   D. 128 000

【答案】 B

【解析】 因为 $1TB=2^{10}GB=1024GB$,所以 $1024GB/8GB=128$。

4. 一个字长为 16 位的无符号二进制整数能表示的十进制数值范围是_____。

  A. 0~65 536   B. 1~65 536   C. 0~65 535   D. 1~65 535

【答案】 C

【解析】 无符号整数,用全部的二进制位表示数值,没有符号位。所以 16 位无符号二进制整数的范围为 0000 0000 0000 0000~1111 1111 1111 1111,对应的十进制数值范围为 $0\sim2^{16}-1$,即 0~65 535。

5. 下列对 $(1)_2$、$(1)_8$、$(1)_{10}$ 和 $(1)_{16}$ 4 个数大小关系描述正确的是_____。

  A. $(1)_2>(1)_8>(1)_{10}>(1)_{16}$ B. $(1)_2<(1)_8<(1)_{10}<(1)_{16}$

  C. $(1)_2=(1)_8=(1)_{10}=(1)_{16}$ D. $(1)_{10}>(1)_{16}>(1)_8>(1)_2$

【答案】 C

【解析】 因为 $(1)_2$、$(1)_8$ 和 $(1)_{16}$ 对应十进制数分别为 1×2^0、1×8^0 和 1×16^0,所以 $(1)_2$、$(1)_8$、$(1)_{10}$ 和 $(1)_{16}$ 4 个数是相等的关系。

6. 下列不同进位制的 4 个数中,最小的数是_____。

  A. $(0.1)_2$ B. $(0.1)_8$ C. $(0.1)_{10}$ D. $(0.1)_{16}$

【答案】 D

【解析】 因为 $(0.1)_2$、$(0.1)_8$ 和 $(0.1)_{16}$ 对应十进制数分别为 1×2^{-1}、1×8^{-1} 和 1×16^{-1},所以 $(0.1)_2$、$(0.1)_8$、$(0.1)_{10}$ 和 $(0.1)_{16}$ 是按从大到小的顺序排列的,最小的数是 $(0.1)_{16}$。

7. 在某个进制下 $52+32=124$,那么该进制下 $4\times5=$_____。

  A. 32   B. 26   C. 24   D. 20

【答案】 A

【解析】 因为 $52+32=124$,由此可以判断出某个进制为 6 进制(6 进制下 $2+2=4$,$5+3=12$),所以 $4\times5=32$。

8. 将八进制数 712.45 转换为十六进制数,正确的是_____。

  A. 1CA.94   B. 1CA.92   C. 1C8.94   D. 1C8.92

【答案】 A

【解析】 首先将八进制数 712.45 转换为二进制数 111 001 010.100 101(每 1 位八进制数用等值的 3 位二进制数表示),然后再将这个二进制数 0001 1100 1010.1001 0100 转换为十六进制数 1CA.94(每 4 位二进制数用 1 位等值的十六进制数表示)。本题也可以不用二进制做桥梁,而使用十进制。

9. 在计算机中,数值为负的整数一般不采用"原码"表示,而是采用"补码"方式表示。假设处理器使用 16 位的带符号整数,则 -127 的补码表示为_____(用十六进制表示)。

  A. FF81H   B. 807FH   C. FFFFH   D. FFFEH

【答案】 A

【解析】 －127的十六位原码为1000 0000 0111 1111;符号位不变,其他位取反得到其反码为1111 1111 1000 0000;个位加1得到补码为1111 1111 1000 0001,用十六进制表示为FF81。

10. 已知小写字母b的ASCII码值的十进制表示为98,则大写字母E的ASCII码值的十六进制表示为_____。

    A. 44H   B. 45H   C. 84H   D. 85H

【答案】 B

【解析】 ASCII码值从小到大的排列有0~9、A~Z、a~z,且小写字母比对应大写字母的码值大32。因为小写字母b的ASCII码为98,所以大写字母B的码值为66,字母E的码值为69,转换为十六进制即为45H。

11. GB 2312字符集中汉字"中"的区位码为5448D,"中"字机内码的十六进制表示为_____。

    A. 7448   B. D4C8   C. D6D0   D. F4E0

【答案】 C

【解析】 这题要先求出国标码,在国标码的基础上再求机内码。国标码是在区位码的基础上得到的,即把区号和位号各加上20H,所以"中"字的国标码为5650H("中"字区、位号码用十六进制表示为3630H);机内码在国标码的基础上将每个字节的最高位置"1",相当于每个字节加上80H,所以"中"字的机内码为D6D0H。

12. 一架数码相机,它使用的Flash存储器容量标称为1GB,一次可以连续拍摄65 536色的2048×1024的彩色相片1280张,那么该相机的图像压缩倍数大约是_____。

    A. 20   B. 15   C. 10   D. 5

【答案】 D

【解析】 图像数据量(B)=图像水平分辨率×图像垂直分辨率×颜色深度/8。本题颜色深度为16位(2^{16}=65 536),所以图像数据量:

$$1280×2048×1024×16/8/(1024×1024×1024)=5GB。$$

因为数码相机的存储容量为1GB,所以压缩比为5GB/1GB=5。

13. 对声音波形采样时,采样频率越高,量化位数越多,声音文件的数据量_____。

    A. 越小   B. 越大   C. 不变   D. 不确定

【答案】 B

【解析】 因为,音频数据量(B)=采样频率×量化位数×声道数×采样时间,所以当采样频率增高、量化位数增多,音频文件的数据量会增多。

14. 通常所说的"宏"病毒感染的文件类型是_____。

    A. exe   B. txt   C. mp3   D. doc

【答案】 D

【解析】 宏病毒是寄存在Microsoft Office文档或模板的宏中的病毒,会感染Word文档或模板文件。doc文件是Word文档,因此答案选D。

15. 下列关于病毒的叙述,正确的是_____。

    A. 正版软件不会受到计算机病毒的威胁

    B. 加装防病毒卡的计算机不会感染病毒

C. 将 U 盘设置成写保护状态,那么 U 盘中的文件就不会感染病毒

D. 病毒只会感染程序文件,不会感染数据文件

【答案】 C

【解析】 无论是正版软件,还是加装防病毒卡的计算机都可能感染计算机病毒。计算机病毒不仅会感染程序文件,同样也会感染数据文件。而将 U 盘设置成写保护状态,使 U 盘只能读数据、不能写数据,可以保护 U 盘内的文件不受病毒感染。

1.3 自 测 题

1. 关于世界上第一台电子计算机的叙述中,错误的是_____。

A. 它命名为 ENIAC,意思是"电子数字积分计算机"

B. 研制它的主要目的是用来计算弹道

C. 它主要采用电子管和继电器

D. 它是由美国的加州理工大学研制成功的

2. 第一台电子计算机 ENIAC 诞生于_____年。

A. 1945　　　　B. 1946　　　　C. 1955　　　　D. 1956

3. 第_____代计算机采用的电子元器件是晶体管。

A. 一　　　　B. 二　　　　C. 三　　　　D. 四

4. 按照计算机的_____可分为巨型计算机、大型计算机、小型计算机、微型计算机、工作站、服务器等。

A. 重量　　　　　　　　　　　B. 体积

C. 价格　　　　　　　　　　　D. 规模和处理能力

5. 关于巨型机与大型机的叙述中,错误的是_____。

A. 巨型机的体积比大型机大

B. 巨型机的运算速度比大型机快

C. 巨型机的价格比大型机高

D. 巨型机支持多用户,而大型机不支持多用户

6. _____,有关信息的获取、传输、处理、控制的设备和系统的技术。感测技术、通信技术、计算机与智能技术和控制技术是它的核心和支撑技术。

A. 信息基础技术　　　　　　　B. 信息系统技术

C. 信息应用技术　　　　　　　D. 信息管理技术

7. 计算机最早的应用领域是_____。

A. 科学计算　　　B. 人工智能　　　C. 信息处理　　　D. 实时控制

8. 数码相机里的照片可以利用计算机软件进行处理,计算机的这种应用属于_____。

A. 科学计算　　　B. 图像处理　　　C. 人工智能　　　D. 实时控制

9. 计算机辅助技术包括计算机辅助设计、计算机辅助制造、计算机辅助教育等。其中计算机辅助设计的缩写为_____。

A. CAD　　　　B. CAI　　　　C. CAM　　　　D. CAT

10. 计算机可以处理各种各样的信息,包括数值、文字、图形、声音、视频等。这些信息在计算机内部都是用_____来表示的。

    A. 二进制　　　　　B. 八进制　　　　　C. 十进制　　　　　D. 十六进制

11. 计算机中数据的最小单位是_____。

    A. B　　　　　　　B. b　　　　　　　C. KB　　　　　　D. GB

12. 在对二进制数据进行存储时,以_____位二进制代码为一个单元存放在一起,称为一个字节。

    A. 2　　　　　　　B. 8　　　　　　　C. 10　　　　　　D. 100

13. 在计算机中,内存储器的存储容量1GB的含义是_____。

    A. 1024MB　　　　B. 1024TB　　　　C. 1024KB　　　　D. 1024B

14. 1001 0011B-0110 0101B的结果为_____。

    A. 0010 1110　　　B. 0010 0110　　　C. 0010 0111　　　D. 0001 1110

15. 1100 1010B ∨ 0000 1001B的结果是_____。

    A. 08H　　　　　　B. 09H　　　　　　C. C1H　　　　　　D. CBH

16. 拍电报时,"嘀"表示短声,"嗒"表示长声,一组"嘀嗒嘀嘀"声音表示的十进制数可能是_____。

    A. 2　　　　　　　B. 4　　　　　　　C. 6　　　　　　　D. 8

17. 将十进制数38.625转换为二进制数,结果是_____。

    A. 100110.101　　B. 110011.11　　　C. 110110.101　　　D. 1100110.011

18. 与十六进制数121.C等值的十进制数为_____。

    A. 129.75　　　　B. 289.75　　　　C. 409.05　　　　D. 433.05

19. 将十进制数125.125转换为八进制数,结果是_____。

    A. 100.1　　　　　B. 100.2　　　　　C. 175.1　　　　　D. 175.2

20. 将七进制数362转换为九进制数,结果是_____。

    A. 132　　　　　　B. 172　　　　　　C. 202　　　　　　D. 232

21. 与八进制数362等值的二进制数为_____。

    A. 111 1011　　　B. 111 1010　　　C. 1111 0010　　　D. 0111 1011

22. 十进制数100.25转换成二进制数是_____。

    A. 1110100.01　　B. 1110100.1　　　C. 1100100.01　　　D. 1100100.1

23. 十进制数13,用三进制表示为_____。

    A. 101　　　　　　B. 110　　　　　　C. 111　　　　　　D. 112

24. 在下列四个数中,最小的数是_____。

    A. 十进制的72　　　　　　　　　　B. 十六进制的5A

    C. 八进制的42　　　　　　　　　　D. 二进制的101001

25. 在某个进制中,2×3=10,则3×4=_____。

    A. 15　　　　　　　B. 17　　　　　　　C. 20　　　　　　　D. 21

26. 62H和3EH进行"与"运算的结果为_____。

    A. 22H　　　　　　B. 23H　　　　　　C. 24H　　　　　　D. 25H

27. 5位无符号二进制数能表示的十进制数值范围是_____。

    A. 0～15   B. 1～16   C. 0～31   D. 1～32

28. 在一个无符号二进制整数后面加上两个 0,则此数的值为原数的_____倍。

    A. 2   B. 4   C. 10   D. 100

29. 十进制数-43,用 8 位二进制补码表示为_____。

    A. 1010 1011   B. 1101 0101   C. 1101 0100   D. 0101 0101

30. 采用补码表示,8 个二进制位表示的带符号整数的取值范围是_____。

    A. -127～$+127$ B. -127～$+128$ C. -128～$+127$ D. -128～$+128$

31. 长度为 1 个字节的二进制整数,若采用补码表示,且由 4 个 1 和 4 个 0 组成,则可表示的最大整数为_____。

    A. 30   B. 60   C. 120   D. 240

32. 长度为 1 个字节的二进制整数,若采用补码表示,且由 4 个 1 和 4 个 0 组成,则可表示的最小整数为_____。

    A. -127 B. -121 C. -15 D. -1

33. 已知 X 的八位补码为 10011000,则 X 的十六位补码为_____。

    A. 1111 1111 1110 0110   B. 1111 1111 1001 1000

    C. 1000 0000 1110 1000   D. 1000 0000 1001 1000

34. 在微机中,西文字符所采用的编码是_____。

    A. ASCII 码   B. BCD 码   C. 国标码   D. 区位码

35. 一个字符的标准 ASCII 码长是_____位,在计算机中存储时占_____个字节。

    A. 7,1   B. 8,1   C. 8,2   D. 16,2

36. ASCII 码采用 7 位二进制编码,每个字符在计算机中使用一个字节来存放,每个字节多余出来的一位(最高位)置_____。

    A. 0   B. 1   C. 0 或 1   D. 都不对

37. 基本的 ASCII 码字符集共有_____个字符。

    A. 127   B. 128   C. 255   D. 256

38. 已知大写字母 M 的 ASCII 值为 4DH,那么 ASCII 码值为 71H 的字母为_____。

    A. i   B. j   C. p   D. q

39. 在下列字符中,其 ASCII 码值最小的一个是_____。

    A. 空格字符   B. 0   C. A   D. a

40. 汉字国标码(GB 2312—1980)把汉字分成_____。

    A. 简化字和繁体字两个等级

    B. 一级汉字、二级汉字和三级汉字三个等级

    C. 一级汉字和二级汉字两个等级

    D. 一级常用简化字、一级常用繁体字和二级常用简化字三个等级

41. B4F3H 是汉字"大"的机内码,则汉字"大"的区号、位号分别为_____。

    A. 10,93   B. 14,93   C. 20,83   D. 24,83

42. 区位码属于汉字的_____。

    A. 输入编码   B. 机内码   C. 地址码   D. 输出编码

43. 汉字的_____是计算机内部对汉字进行存储、处理的汉字编码。

A. 区位码　　　　　　B. 机内码　　　　　　C. 国标码　　　　　　D. 字形码

44. 设有一段文本由基本 ASCII 字符和 GB 2312 字符集中的汉字组成,其内码为 AC F7 D5 E8 78 C4 B3 55,则这段文本中,含有_____。

　　A. 2 个汉字和 1 个西文字符　　　　　　B. 3 个汉字和 2 个西文字符

　　C. 3 个汉字和 1 个西文字符　　　　　　D. 6 个汉字和 2 个西文字符

45. 在下列有关字符集及其编码的叙述中,错误的是_____。

　　A. 在我国台湾地区使用的汉字编码标准主要是 GBK,该标准中收录了大量的繁体汉字

　　B. GB 18030 标准中收录的汉字数目超过 2 万,Windows XP 操作系统支持该标准

　　C. Unicode 字符集中既收录了大量简体汉字,也收录了大量繁体汉字

　　D. GB 2312 是我国颁布的第一个汉字编码标准

46. 用_____点阵表示一个汉字时,存储 1024 个汉字的字形码需要 288KB。

　　A. 16×16　　　　　　B. 24×24　　　　　　C. 32×32　　　　　　D. 48×48

47. 某文件夹中有以下 4 个文件,其中_____不是音频文件。

　　A. 1. wav　　　　　　B. 2. mp3　　　　　　C. 3. mid　　　　　　D. 4. gif

48. _____信息数字化,主要包括采样、量化和编码三个过程。

　　A. 文字　　　　　　B. 音频　　　　　　C. 图像　　　　　　D. 视频

49. MIDI 是一种描述性的"音乐语言",它将所要演奏的乐曲信息用二进制编码表示。MIDI 文件的数据量很_____,主要用于合成_____。

　　A. 小,语音　　　　　　B. 小,音乐　　　　　　C. 大,语音　　　　　　D. 大,音乐

50. 实现音频信号数字化最核心的硬件电路是_____。

　　A. A/D 转换器　　　　B. D/A 转换器　　　　C. 数字编码器　　　　D. 数字解码器

51. 若对音频信号以 10kHz 采样频率、16 位量化精度进行数字化,则每分钟的双声道数字化声音信号产生的数据量约为_____。

　　A. 1.2MB　　　　　　B. 1.6MB　　　　　　C. 2.4MB　　　　　　D. 3.2MB

52. 对一个图形来说,通常用位图格式文件存储与用矢量格式文件存储所占用的空间_____。

　　A. 少　　　　　　B. 一样　　　　　　C. 大　　　　　　D. 不一定

53. 某 800 万像素的数码相机,拍摄照片的最高分辨率大约是_____。

　　A. 3200×2400　　B. 2048×1600　　C. 1600×1200　　D. 1024×768

54. 以 jpg 为扩展名的文件通常是_____。

　　A. 文本文件　　　　　　　　　　B. 音频信号文件

　　C. 图像文件　　　　　　　　　　D. 视频信号文件

55. 显示器的分辨率为 1024×768,若能同时显示 256 种颜色,则显示存储器的容量至少为_____。

　　A. 192KB　　　　　　B. 384KB　　　　　　C. 768KB　　　　　　D. 2.4MB

56. 一幅具有真彩色(颜色深度 24 位)、分辨率为 1024×1024 的数字图像,它的大小为 0.6MB,那么它的压缩倍数大约是_____。

　　A. 10　　　　　　B. 8　　　　　　C. 5　　　　　　D. 4

57. 下列哪些是目前因特网和 PC 常用的几种图像文件格式_____。

① BMP ② GIF ③ WMF ④ TIF ⑤ AVI ⑥ 3DS ⑦ MP3 ⑧ VOC
⑨ JPG ⑩ WAV

    A. ①②④⑨   B. ①②③④⑦⑨

    C. ①②⑤⑨   D. ①③⑥⑧⑨

58. 以 avi 为扩展名的文件通常是_____文件。

    A. 图像   B. 文本   C. 声音   D. 视频

59. 数据压缩可以分为两种类型：无损压缩和有损压缩。其中_____。

    A. 无损压缩的压缩比一般比较低

    B. 有损压缩的压缩比一般比较低

    C. 两种压缩类型的压缩比差不多

    D. 一般情况下无损压缩的压缩比高于有损压缩的压缩比

60. 计算机病毒可以使整个计算机瘫痪,危害极大。计算机病毒是_____。

    A. 一条命令   B. 一段特殊的程序

    C. 一种生物病毒   D. 一种芯片

61. 下列关于计算机病毒的叙述中,正确的是_____。

    A. 计算机病毒只能感染 exe 或 com 文件

    B. 计算机病毒可通过读写移动存储设备或通过 Internet 网络进行传播

    C. 计算机病毒是通过电网进行传播的

    D. 计算机病毒是由于程序中的逻辑错误造成的

62. 为防止计算机病毒感染,应该做到_____。

    A. 无病毒的 U 盘不要与来历不明的 U 盘放在一起

    B. 不要复制来历不明的 U 盘中的程序

    C. 长时间不用的 U 盘要经常格式化

    D. U 盘中不要存放可执行程序

第2章 计算机硬件

2.1 学习目标

- 掌握计算机的组成及工作原理；
- 掌握 CPU 的组成及工作原理；
- 了解 CPU 的性能指标；
- 掌握内、外存储器的分类及特点；
- 了解内、外存储器的性能指标；
- 掌握常用输入、输出设备的分类、特点及性能指标。

2.2 例 题 解 析

1. 显示器的分辨率为 1024×768，如果能同时显示 256 种颜色，则显存的容量至少为_____。

   A. 192KB   B. 384KB   C. 768KB   D. 1536KB

   【答案】 C

   【解析】 计算显存容量与分辨率关系的公式：

$$显存容量(单位:字节) \geqslant 分辨率 \times 色彩精度/8$$

   256 种颜色意味着色彩精度是 8 位($2^8 = 256$)，所以所需显存容量≥1024×768×8/8 字节，转换为千字节就是 768KB。

2. 下列叙述中，错误的是_____。

   A. 硬盘在主机箱内，它是主机的组成部分

   B. 硬盘属于外部存储器

   C. 硬盘驱动器既可以做输入设备又可做输出设备用

   D. 硬盘与 CPU 之间不能直接交换数据

   【答案】 A

   【解析】 硬盘虽然在主机箱内，但属于外存，不是主机的组成部分

3. 下列叙述中，正确的是_____。

   A. 字长为 32 位表示这台计算机最大能计算一个 32 位的十进制数

   B. 运算器只能进行算术运算

   C. DRAM 的集成度高于 SRAM

D. DRAM 的速度高于 SRAM

【答案】 C

【解析】 字长是指计算机运算部件一次能同时进行二进制数据的位数,运算器可以进行算术运算和逻辑运算,SRAM 相对于 DRAM 的速度更快,但是集成度比较低。

4. 通常所说的计算机的主机是指_____。

　　A. CPU 和内存　　　　　　　　　　　B. CPU 和硬盘

　　C. CPU、内存和硬盘　　　　　　　　D. CPU、内存与 CD-ROW

【答案】 A

【解析】 CPU 和内存储器构成了计算机的主机,外存储器、输入设备、输出设备构成了计算机的外部设备。硬盘属于外存储器。

5. 下列说法中正确的是_____。

　　A. 计算机体积越大,功能越强

　　B. 微机 CPU 主频越高,其运算速度越快

　　C. 两个显示器的屏幕大小相同,它们的分辨率也相同

　　D. 激光打印机打印的汉字比喷墨打印机多

【答案】 B

【解析】 计算机的功能好坏与体积没有绝对的关系;CPU 的主频越快,运算速度越高,这是计算机的重要性能指标之一;显示器的分辨率可以进行设置和调节;激光打印机与喷墨打印机的主要区别不在于打印出来的汉字多少,主要在于耗材的不同和成本的不同等。

6. 某品牌笔记本电脑销售广告中"酷睿 i5-7200U 2.7G/8G/256G"的 2.7G 是指_____。

　　A. CPU 的运算速度是 2.7GIPS

　　B. CPU 为 i5 的 2.7 代

　　C. CPU 的时钟频率为 2.7GHz

　　D. CPU 与内存之间的数据交换速率是 2.7Gbps

【答案】 C

【解析】 酷睿 i5-7200U 是 CPU 的型号,2.7G 是 CPU 的主频,单位是 Hz。8G 是内存容量,256G 是硬盘容量。

7. DVD-ROM 属于_____。

　　A. 大容量可读可写外存储器　　　　B. 大容量只读外部存储器

　　C. CPU 可直接存取的存储器　　　　D. 只读内存储器

【答案】 B

【解析】 DVD-ROM 是 DVD 只读光盘,属于外存储器,CPU 不能直接访问外存储器。DVD 光盘存储密度高,一面光盘可以分单层或双层存储信息,一张光盘有两面,最多可以有 4 层存储空间,所以存储容量极大。

8. 下列不属于计算机性能指标的是_____。

　　A. 字节　　　　　B. 主频　　　　　C. 字长　　　　　D. 运算速度

【答案】 A

【解析】 计算机主要技术指标有主频、字长、运算速度、存储容量和存取周期。字节是衡量计算机存储器存储容量的基本单位。

9. CPU、存储器和 I/O 设备是通过_____连接起来的。

    A. 接口　　　　　　B. 内部总线　　　　C. 系统总线　　　　D. 控制线

【答案】 C

【解析】 在计算机的硬件系统中，CPU、存储器和 I/O 设备是通过系统总线连接起来，从而进行信息交换的。系统总线包括：数据总线、地址总线、控制总线。

10. 微型计算机硬件系统最核心的部件是_____。

    A. 主板　　　　　　B. CPU　　　　　　C. 内存储器　　　　D. I/O 设备

【答案】 B

【解析】 CPU 是计算机硬件系统的核心，有计算机的"心脏"之称，它由运算器和控制器组成。

11. 用 MIPS 为单位来衡量计算机的性能，它指的是计算机的_____。

    A. 传输速率　　　　　　　　　　B. 存储器容量

    C. 字长　　　　　　　　　　　　D. 运算速度

【答案】 D

【解析】 运算速度是指计算机每秒钟所能执行的指令条数，一般用 MIPS 为单位。字长是 CPU 能够直接处理的二进制数据位数。常见的微机字长有 8 位、16 位和 32 位。内存容量是指存储器中能够存储信息的总字节数，一般以 KB、MB 为单位。传输速率用 bps 或 kbps 来表示。

12. 下列各组设备中，全都属于输入设备的一组是_____。

    A. 键盘、磁盘和打印机　　　　　　B. 键盘、鼠标器和显示器

    C. 键盘、扫描仪和鼠标器　　　　　D. 硬盘、打印机和键盘

【答案】 C

【解析】 鼠标器、键盘、扫描仪都属于输入设备。打印机、显示器、绘图仪属于输出设备。磁盘、硬盘属于存储设备。

13. 在计算机的存储单元中存储的_____。

    A. 只能是数据　　　　　　　　　　B. 只能是字符

    C. 只能是指令　　　　　　　　　　D. 可以是数据或指令

【答案】 D

【解析】 计算机存储单元中存储的是数据或指令。数据通常是指由描述事物的数字、字母、符号等组成的序列，是计算机操作的对象，在存储器中都是用二进制数"1"或"0"来表示。指令是 CPU 发布的用来指挥和控制计算机完成某种基本操作的命令，它包括操作码和操作数。

14. 在微机系统中，对输入输出设备进行管理的基本系统是存放在_____中。

    A. RAM　　　　　B. ROM　　　　　C. 硬盘　　　　　D. 高速缓存

【答案】 B

【解析】 存储器分内存和外存，内存就是 CPU 能由地址线直接寻址的存储器。内存又分 RAM 和 ROM 两种，RAM 是可读可写的存储器，它用于存放经常变化的程序和数据。

ROM 主要用来存放固定不变的控制计算机的系统程序和数据,如常驻内存的监控程序、基本的 I/O 系统等。

15. 冯·诺依曼体系结构的计算机包含的五大部件是_____。

    A. 输入设备、运算器、控制器、存储器、输出设备

    B. 输入/输出设备、运算器、控制器、内/外存储器、电源设备

    C. 输入设备、中央处理器、只读存储器、随机存储器、输出设备

    D. 键盘、主机、显示器、磁盘机、打印机

【答案】 A

【解析】 冯·诺依曼机的工作原理是"存储程序和程序控制"思想。这一思想也确定了冯·诺依曼机的基本结构:输入设备、运算器、控制器、存储器、输出设备。

2.3 自 测 题

1. 计算机系统由_____组成。

    A. 主机和系统软件   B. 硬件系统和应用软件

    C. 硬件系统和软件系统   D. 微处理器和软件系统

2. 微型计算机中,合称为中央处理单元(CPU)的是指_____。

    A. 运算器和控制器   B. 累加器和算术逻辑运算部件(ALU)

    C. 累加器和控制器   D. 通用寄存器和控制器

3. 运算器的主要功能是_____。

    A. 实现算术运算和逻辑运算

    B. 保存各种指令信息供系统其他部件使用

    C. 分析指令并进行译码

    D. 按主频指标规定发出时钟脉冲

4. 微型计算机中,控制器的基本功能是_____。

    A. 进行算术运算和逻辑运算   B. 存储各种控制信息

    C. 保持各种控制状态   D. 控制机器各个部件协调一致地工作

5. 计算机系统的"主机"由_____。

    A. CPU、内存储器及辅助存储器   B. CPU 和内存储器

    C. 存放在主机箱内部的全部器件   D. 计算机主板上的全部器件

6. 为解决某一特定问题而设计的指令序列称为_____。

    A. 文档   B. 语言   C. 程序   D. 系统

7. 计算机最主要的工作特点是_____。

    A. 程序存储与自动控制   B. 高速度与高精度

    C. 可靠性与可用性   D. 有记忆能力

8. 冯·诺依曼计算机工作原理的设计思想是_____。

    A. 程序设计   B. 程序存储   C. 程序编制   D. 算法设计

9. 世界上最先实现程序存储的计算机是_____。

    A. ENIA   B. EDSAC   C. EDVAC   D. UNIVAC

10. 通常,在微机中标明的 Core i7 是指_____。

    A. 产品型号   B. 主频   C. 微机名称   D. 微处理器型号

11. 平均无故障时间(MTBF),用于描述计算机的_____。

    A. 可靠性   B. 可维护性

    C. 性能价格比   D. 以上答案都不对

12. 平均修复时间(MTTR),用于描述计算机的_____。

    A. 可靠性   B. 可维护性

    C. 性能价格比   D. 以上答案都不对

13. 计算机的性能指标一般不包括_____。

    A. 字长   B. 内存储器容量

    C. 字节   D. 运算速度

14. 计算机的五大组成部件一般通过_____连接。

    A. 适配器   B. 电缆   C. 中继器   D. 总线

15. 在计算机领域中通常用 MIPS 来描述_____。

    A. 计算机的运算速度   B. 计算机的可靠性

    C. 计算机的可运行性   D. 计算机的可扩充性

16. 在计算机领域中通常用主频来描述_____。

    A. 计算机的运算速度   B. 计算机的可靠性

    C. 计算机的可运行性   D. 计算机的可扩充性

17. 目前微型计算机 CPU 进行算术逻辑运算时,可以处理的二进制信息长度是_____。

    A. 32 位   B. 16 位

    C. 8 位   D. 以上 3 种都可以

18. 在衡量计算机的主要性能指标中,字长是_____。

    A. 计算机运算部件一次能够处理的二进制数据位数

    B. 8 位二进制长度

    C. 计算机的总线数

    D. 存储系统的容量

19. 下列叙述中,正确的是_____。

    A. 字节通常用英文单词"bit"来表示

    B. 目前广泛使用的 PC 的字长为 5 个字节

    C. 计算机存储器中将 8 个相邻的二进制位作为一个单位,这种单位称为字节

    D. 微型计算机的字长并不一定是字节的倍数

20. 下列叙述中,不正确的是_____。

    A. B 代表字节

    B. 目前 PC 的字长一般为 32 位或 64 位

    C. 计算机存储器中将 8 个相邻的二进制位作为一个单位,这种单位称为字节

    D. 微型计算机的字长并不一定是字节的整数倍

21. 断电会使原来存储的信息丢失的存储器是_____。

A. 半导体 RAM   B. 硬盘   C. ROM   D. 软盘

22. 在微型计算机内存储器中,不能用指令修改其存储内容的部分是_____。

     A. RAM   B. DRAM   C. ROM   D. SRAM

23. 通常说 8GB U 盘中,8GB 指的是_____。

     A. 厂家代号   B. 商标号   C. U 盘编号   D. U 盘容量

24. 用于描述内存性能优劣的两个重要指标是_____。

     A. 存储容量和平均无故障工作时间

     B. 存储容量和平均修复时间

     C. 平均无故障工作时间和内存的字长

     D. 存储容量和存取时间

25. 微型计算机中的硬盘普遍采用_____。

     A. 电子管存储器   B. 磁表面存储器

     C. 半导体存储器   D. 磁芯存储器

26. 硬盘连同驱动器是一种_____。

     A. 内存储器   B. 外存储器

     C. 只读存储器   D. 半导体存储器

27. 微型计算机中的内存储器,通常采用_____。

     A. 光存储器   B. 磁表面存储器

     C. 半导体存储器   D. 磁芯存储器

28. 在内存中,每个基本单位都被赋予一个唯一的序号,这个序号称为_____。

     A. 字节   B. 编号   C. 地址   D. 容量

29. 静态 RAM 的特点是_____。

     A. 在不断电的条件下,其中的信息保持不变,因而不必定期刷新

     B. 在不断电的条件下,其中的信息不能长时间保持,因而必须定期刷新才不致丢失信息

     C. 其中的信息只能读不能写

     D. 其中的信息断电后也不会丢失

30. 动态 RAM 的特点是_____。

     A. 在不断电的条件下,其中的信息保持不变,因而不必定期刷新

     B. 在不断电的条件下,其中的信息不能长时间保持,因而必须定期刷新才不致丢失信息

     C. 其中的信息只能读不能写

     D. 其中的信息断电后也不会丢失

31. 具有多媒体功能的微型计算机系统中,常用的 CD-ROM 是_____。

     A. 只读型大容量软盘   B. 只读型光盘

     C. 只读型硬盘   D. 半导体只读存储器

32. 具有多媒体功能的微型计算机系统中,常用的 CD-R 是_____。

     A. 只读型大容量软盘   B. 只读型光盘

     C. 一次性写入光盘   D. 半导体只读存储器

33. 下列设备中,既能向主机输入数据又能接收主机输出数据的设备是_____。
    A. CD-ROM   B. 显示器   C. 硬盘   D. 光笔

34. 在下列存储器中,访问速度最快的是_____。
    A. 硬盘存储器   B. 光盘存储器
    C. 半导体 RAM(内存储器)   D. 磁带存储器

35. 在下列存储中,访问速度最快的是_____。
    A. 硬盘存储器   B. DRAM
    C. SRAM   D. ROM

36. 下列 4 种设备中,属于计算机输入设备的是_____。
    A. UPS   B. 投影仪   C. 绘图仪   D. 鼠标

37. 下列 4 种设备中,属于计算机输出设备的是_____。
    A. UPS   B. 条形码阅读器
    C. 绘图仪   D. 鼠标

38. 下列术语中,属于显示器性能指标的是_____。
    A. 速度   B. 分辨率   C. 可靠性   D. 精度

39. CRT 指的是_____。
    A. 阴极射线管显示器   B. 液晶显示器
    C. 等离子显示器   D. 以上说法都不对

40. 任何程序都必须加载到_____中才能被 CPU 执行。
    A. 内存   B. 硬盘   C. 磁盘   D. 外存

41. 硬盘格式化时,被划分为一定数量的同心圆磁道,硬盘上最外圈的磁道是_____。
    A. 0 磁道   B. 39 磁道   C. 1 磁道   D. 80 磁道

42. 硬盘工作时,应特别注意避免_____。
    A. 光线直射   B. 强烈震动
    C. 环境卫生不好   D. 噪音

43. 下面都属于微型计算机输入设备的是_____。
    A. 鼠标,绘图仪   B. 扫描仪,绘图仪
    C. 键盘,条形码阅读器   D. 打印机,条形码阅读器

44. DRAM 存储器的中文含义是_____。
    A. 静态随机存储器   B. 动态随机存储器
    C. 静态只读存储器   D. 动态只读存储器

45. SRAM 存储器的中文含义是_____。
    A. 静态随机存储器   B. 动态随机存储器
    C. 静态只读存储器   D. 动态只读存储器

46. 微型计算机存储系统中,PROM 是_____。
    A. 可读写存储器   B. 动态随机存取存储器
    C. 只读存储器   D. 可编程只读存储器

47. 微型计算机存储系统中,EPROM 是_____。

A. 可擦可编程的只读存储器　　　　　　B. 动态随机存取存储器

C. 只读存储器　　　　　　　　　　　　D. 可编程只读存储器

48. 在图形卡与系统内存之间提供了一条直接的访问途径的总线标准是_____。

    A. PCI-E　　　　　B. AGP　　　　　C. ISA　　　　　D. EISA

49. 下列总线标准中,提供的速度最快的是_____。

    A. PCI-E　　　　　B. AGP　　　　　C. ISA　　　　　D. EISA

50. 下列总线中,对微软出的"即插即用"(Play and Plug)方案支持很好的是_____。

    A. PCI　　　　　　B. AGP　　　　　C. ISA　　　　　D. EISA

51. 计算机的总线不包括_____。

    A. 控制总线　　　　　　　　　　　　B. 地址总线

    C. 传输总线　　　　　　　　　　　　D. 数据总线

52. 针式打印机术语中,24针是指_____。

    A. 24×24 点阵　　　　　　　　　　B. 信号线插头有 24 针

    C. 打印头内有 24×24 根针　　　　D. 打印头内有 24 根针

53. 速度快、分辨率高的打印机类型是_____。

    A. 非击打式　　　　B. 激光式　　　　C. 击打式　　　　D. 点阵式

54. 针式打印机的特点是_____。

    A. 分辨率高　　　　　　　　　　　　B. 速度快

    C. 采用击打式　　　　　　　　　　　C. 以上说法都不对

55. 喷墨打印机较针式打印机的最大优点_____。

    A. 打印成本较低　　　　　　　　　　B. 体积小、重量轻

    C. 采用非击打式,噪音较小　　　　　D. 以上说法都不对

56. 计算机在开机时会进行自检,遇到_____不存在或者错误时,计算机仍然会正常开机。

    A. 键盘　　　　　B. 主板　　　　　C. 鼠标　　　　　D. 内存

57. 世界上首次提出存储程序计算机体系结构的是_____。

    A. 莫奇莱　　　　B. 冯·诺依曼　　　C. 乔治·布尔　　　D. 艾伦·图灵

58. 计算机之所以能够实现连续运算,是由于采用了_____工作原理。

    A. 布尔逻辑　　　　B. 存储程序　　　C. 数字电路　　　D. 集成电路

59. CPU 中有一个程序计数器(又称指令计数器),它用于存放_____。

    A. 正在执行的指令的内容　　　　　　B. 下一条要执行的指令的内容

    C. 正在执行的指令的内存地址　　　　D. 下一条要执行的指令的内存地址

60. 24 根地址线可寻址的范围是_____。

    A. 4MB　　　　　B. 8MB　　　　　C. 16MB　　　　　D. 24MB

61. 在下列存储器中,访问周期最短的是_____。

    A. 硬盘存储器　　　B. 外存储器　　　C. 内存储器　　　D. 光盘存储器

62. 下面关于硬盘的说法错误的是_____。

    A. 硬盘中的数据断电后不会丢失

    B. 每个计算机主机有且只能有一块硬盘

C. 硬盘可以进行格式化处理

D. CPU 不能够直接访问硬盘中的数据

63. 微型计算机的中央处理器每执行一条_____,就完成一步基本运算或判断。

    A. 命令　　　　　　B. 指令　　　　　　C. 程序　　　　　　D. 语句

64. 一条计算机指令中,通常应该包含_____。

    A. 字符和数据　　　　　　　　　　D. 操作码和操作数

    C. 运算符和数据　　　　　　　　　D. 被运算数和结果

65. 一条计算机指令中,规定其执行功能的部分称为_____。

    A. 源地址码　　　B. 操作码　　　　C. 目标地址码　　　D. 数据码

66. 半导体只读存储器(ROM)与半导体随机存取存储器(RAM)的主要区别在于_____。

    A. ROM 可以永久保存信息,RAM 在断电后信息会丢失

    B. ROM 断电后,信息会丢失,RAM 则不会

    C. ROM 是内存储器,RAM 是外存储器

    D. RAM 是内存储器,ROM 是外存储器

67. RAM 具有的特点是_____。

    A. 海量存储

    B. 存储在其中的信息可以永久保存

    C. 一旦断电,存储在其上的信息将全部消失且无法恢复

    D. 存储在其中的数据不能改写

68. 把内存中的数据传送到计算机的硬盘,称为_____。

    A. 显示　　　　　　B. 读盘　　　　　　C. 输入　　　　　　D. 写盘

69. 高速缓存(Cache)存在于_____。

    A. 内存内部　　　　　　　　　　　B. 内存和硬盘之间

    C. 硬盘内部　　　　　　　　　　　D. CPU 内部

70. 微型计算机的内存储器是_____。

    A. 按二进制位编址　　　　　　　　B. 按字节编址

    C. 按字长编址　　　　　　　　　　D. 按十进制位编址

71. 一般来说,外存储器中的信息在断电后_____。

    A. 局部丢失　　　B. 大部分丢失　　　C. 全部丢失　　　D. 不会丢失

72. 某计算机的内存容量为256MB,指的是_____。

    A. 256 位　　　B. 256 兆字节　　　C. 256 兆字　　　D. 256 000 千字

73. 微型计算机存储系统中的 Cache 是_____。

    A. 只读存储器　　　　　　　　　　B. 高速缓冲存储器

    C. 可编程只读存储器　　　　　　　D. 可擦写只读存储器

74. 下面关于地址的论述中,错误的是_____。

    A. 地址寄存器是用来存储地址的寄存器

    B. 地址码是指令中给出的源操作数地址或去处结果的目的地址的有关信息部分

    C. 地址总线上既可以传送地址信息,也可以传送控制信息和其他信息

D. 地址总线不可用于传输控制信息和其他信息

75. 将计算机的内存储器和外存储器相比,内存的主要特点之一是_____。

　　A. 价格更便宜　　　　　　　　　　B. 存储容量更大

　　C. 存取速度快　　　　　　　　　　D. 价格虽贵但容量大

76. 将硬盘中的数据读入到内存中去,称为_____。

　　A. 显示　　　　　B. 读盘　　　　　C. 输入　　　　　D. 写盘

77. 通常所说的I/O设备是指_____。

　　A. 输入输出设备　　　　　　　　　B. 通信设备

　　C. 网络设备　　　　　　　　　　　D. 控制设备

78. I/O接口位于_____。

　　A. 总线和I/O设备之间　　　　　　B. CPU和I/O设备之间

　　C. 主机和总线之间　　　　　　　　D. CPU和主存储器之间

79. 下列设备中属于输出设备的是_____。

　　A. 键盘　　　　　B. 鼠标　　　　　C. 扫描仪　　　　D. 显示器

80. UPS是_____的英文简称。

　　A. 控制器　　　　B. 存储器　　　　C. 不间断电源　　D. 运算器

81. 当关掉电源后,对半导体存储器而言,下列叙述正确的是_____。

　　A. RAM的数据不会丢失

　　B. CPU中数据不会丢失

　　C. ROM的数据不会丢失

　　D. ALU中数据不会丢失

82. 键盘上的Caps Lock键的作用是_____。

　　A. 退格键,按下后删除一个字符

　　B. 退出键,按下后退出当前程序

　　C. 锁定大写字母键,按下后可连续输入大写字母

　　D. 组合键,与其他键组合才有作用

83. 微型计算机键盘上的Shift键称为_____。

　　A. 控制键　　　　B. 上档键　　　　C. 退格键　　　　D. 回车键

84. 微型计算机键盘上的Tab键称为_____。

　　A. 退格键　　　　B. 控制键　　　　C. 换档键　　　　D. 制表键

85. USB是_____。

　　A. 串行接口　　　B. 并行接口　　　C. 总线接口　　　D. 视频接口

86. 以下属于点阵打印机的是_____。

　　A. 激光打印机　　　　　　　　　　B. 喷墨打印机

　　C. 静电打印机　　　　　　　　　　D. 针式打印机

87. 某显示器技术参数标明"TFT,1024×768",则1024×768表明该显示器_____。

　　A. 分辨率是1024×768　　　　　　 B. 尺寸是1024mm×768mm

　　C. 刷新率是1024×768　　　　　　 D. 真彩度是1024×768

88. 下面各项中不属于多媒体硬件的是_____。

A. 光盘驱动器　　　B. 视频卡　　　　　C. 音频　　　　　D. 文件夹

89. 显示器显示图像的清晰程度,主要取决于显示器_____。

A. 类型　　　　　　B. 亮度　　　　　　C. 尺寸　　　　　D. 分辨率

90. 计算机中的鼠标连接在_____。

A. 并行接口上　　　B. 串行接口上　　　C. 显示器接口上　　D. 键盘接口上

第3章 计算机软件

3.1 学 习 目 标

- 掌握计算机软件系统的组成和功能；
- 掌握系统软件与应用软件的概念和作用；
- 掌握操作系统的概念与功能；
- 了解操作系统的发展及典型操作系统的功能特征；
- 掌握程序设计语言的分类和语言处理系统的作用。

3.2 例 题 解 析

1. 计算机系统是由硬件系统和软件系统两部分构成,下列说法不正确的是_____。

   A. 软件控制和指挥着硬件的运行过程,硬件是软件运行的平台

   B. 计算机的性能取决于硬件,硬件性能越高,计算机的处理能力越强

   C. 软件硬件密不可分,互相依存

   D. 软件必须依附与之相匹配的硬件和其他相关软件平台,否则无法运行

   【答案】 B

   【解析】 硬件是软件运行的平台,软件控制和指挥着硬件的运行过程,软件的发展,推动着硬件的更新换代,两者互相依赖,密不可分。软件必须依附与之相匹配的硬件和其他相关软件平台,否则无法运行。计算机的功能不仅取决于硬件系统的配置,更大程度上由所安装的软件系统决定。故 B 是不正确的。

2. 计算机能够直接识别和执行的语言是_____。

   A. 机器语言　　　　B. 汇编语言　　　　C. 高级语言　　　　D. 自然语言

   【答案】 A

   【解析】 计算机能够识别的语言符号仅有 0 和 1 的二进制代码,所以计算机只能识别由 0 和 1 编写的面向机器的机器语言。汇编语言是用助记符代替机器指令中的操作码,操作数使用十进制编制的语言,虽然较机器语言容易理解和调试一些,但仍是面向机器指令的。高级语言是一种用接近于人们自然语言的高级程序设计语言。故 A 选项是正确的。

3. 下列关于软件、程序、指令的说法,不正确的是_____。

   A. 软件包括程序、数据和相关文档

   B. 软件是指设计比较成熟、功能比较完善、具有某种使用价值的程序

C. 指令是构成程序的基本单位

D. 单独的数据和相关文档也称为软件

【答案】 D

【解析】 软件的含义比程序更宏观、更物化一些。一般情况下,软件指的是设计比较成熟、功能比较完善、具有某种使用价值的程序。人们往往把程序与程序相关的数据和文档统称为软件。当然,程序是主体,单独的数据或文档一般不认为是软件,如存放在磁盘或光盘上的数字作品不能称为软件。计算机可以理解和执行的指令序列构成程序,指令是程序的基本构成单位。故 D 是不正确的。

4. 下列软件中,全部是系统软件的是_____。

A. WPS、Windows、UNIX

B. DOS、QQ、UNIX

C. Linux、SQL、FORTRAN 编译器

D. Windows、Photoshop、DOS

【答案】 C

【解析】 按照软件的功能和作用的角度,软件通常可以分为两大类:系统软件和应用软件。系统软件主要包括:操作系统、程序设计语言处理系统、数据库管理系统、常用系统辅助程序等。Windows、UNIX、DOS、Linux 均属于操作系统的一种;SQL 是数据库管理系统;FORTRAN 编译器是语言处理系统,均属于系统软件。一般认为不是系统软件即为应用软件。WPS 是文字编辑软件,QQ 是即时通信软件,Photoshop 是图像处理软件,均属于应用软件。故 C 是正确的。

5. 下列关于操作系统任务管理的说法,不正确的是_____。

A. Windows 操作系统支持多任务处理

B. 分时是将 CPU 时间划分成时间片,轮流为多个程序服务

C. 并行处理操作系统可以让多个处理器同时工作,提高计算机系统的效率

D. 多任务处理要求计算机必须配有多个 CPU

【答案】 D

【解析】 能够支持多个任务在计算机中同时进行的操作系统称为多任务处理操作系统。现在的操作系统大多都支持多任务处理,如 Windows 操作系统。在 Windows 操作系统中,处理器的管理采用了并发多任务方式支持系统中多个任务的执行,不管是前台任务还是后台任务,它们都能分配到 CPU 的使用权,因而都可以同时运行。从宏观上看,这些任务是在"同时"执行,而微观上任何一个时间点只有一个任务正在被 CPU 执行。CPU 将时间划分为时间片,多个程序的运行其实是由 CPU 快速轮流执行的。当一个任务的时间片用完后,操作系统会将 CPU 分配给下一个任务使用。只要时间片结束,不管任务多重要,也不管执行到什么地方,正在执行的任务就会被强制暂时停止执行,直到下一次得到 CPU 的使用权后再继续执行。CPU 采用时间片轮转使用实现多任务,并不强制需要计算机配备多个 CPU。故 D 是不正确的。

6. 按照软件著作权的处置方式,软件可以分为商品软件、共享软件和自由软件,下列有关叙述中,不正确的是_____。

A. 自由软件允许使用者随意拷贝,传播,运行修改其源代码但必须公开修改内容

B. 共享软件是具有版权的软件,允许用户有条件的使用

C. 通常用户需要付费才能得到商品软件的使用权

D. 共享软件、自由软件均属于免费软件

【答案】 D

【解析】 商品软件是用户需要付费才能得到其使用权。共享软件是一种"买前免费试用"的具有版权的软件,它通常允许用户试用一段时间,也允许用户进行拷贝和散发(但不可修改后散发),但过了试用期,就需要付费才能使用。自由软件允许随意拷贝和修改其源代码,允许自由传播,但对源代码的任何修改需要公开完整的源代码。免费的软件,是一种不需要付费就可以使用的软件,但用户并无修改和分发该软件的权利,其源代码也不一定公开。大多数自由软件都是免费软件,但免费软件不都全是自由软件。共享软件不属于免费软件,自由软件也不一定全部都免费,故 D 是不正确的。

7. 以下关于图形用户界面中窗口的叙述,不正确的是_____。

A. 可以有多个活动窗口

B. 可以有多个非活动窗口

C. 活动窗口对应的任务是前台任务

D. 非活动窗口对应的任务是后台任务

【答案】 A

【解析】 在图形用户界面的操作系统中,每个已启动的任务在屏幕上都有一个窗口与之对应,该窗口既用于显示任务的进展状态和处理结果,也用于接收用户的输入。屏幕上只有一个窗口可以接收用户的输入,即为活动窗口。活动窗口所对应的任务是前台任务,非活动窗口对应的任务是后台任务。但屏幕上只允许有一个活动窗口。故 A 选项是不正确的。

8. 对于 Windows 操作系统而言,以下关于任务与程序说法不正确的是_____。

A. 任务是动态的,程序是静态的

B. 程序被装载到内存中并正在运行即为任务

C. 程序不能同时多次被加载到内存中

D. 当任务终止,意味着程序的一次执行结束,并被收回占用的内存资源,但程序不会被删除

【答案】 C

【解析】 任务与程序既有联系又有区别。程序是存储在外部存储设备中的可执行指令序列,任务是已经装入内存并正在被运行的程序。程序是静态的,任务是动态的。当一个程序被同时执行多次时,则产生多个任务,这些任务所对应的是同一个程序。当一个任务被终止时,意味着这个程序的一次运行被终止,所占用的内存资源将被操作系统收回,但操作系统并不会将存储在外存中的该程序也删除掉。程序可以同时多次被加载到内存中。故 C 选项是不正确的。

9. 以下关于操作系统文件管理的叙述中,不正确的是_____。

A. 子目录中可以存放文件,也可以存放文件夹,从而构成树状的目录结构

B. 同一目录下可以存放扩展名不同,但文件前缀名相同的文件

C. 文件和文件夹的名字既可以用英文也可以用中文,也可以是任意符号

D. 文件的属性如果是"隐藏",则该文件将无法正常工作

【答案】 C

【解析】 在 Windows 操作系统中,所有目录(包括根目录和子目录)既可以存放一般文件,也可以存放文件夹。文件名包括文件前缀名和扩展名构成,文件前缀名用来区分相同类型的文件,而扩展名区分不同类型的文件。当扩展名不同,即使文件前缀名相同,其也是不同的文件,可以存放在同一目录下。但在同一目录下,不能存放文件前缀名和扩展名都相同的文件。文件和文件夹都必须有名字,除了允许出现英文字母外,也允许出现中文和字符,但不能包含下列符号: \"<>*|:/。用户可以将系统中存储的文件或文件夹设置为"只读"或"隐藏"属性。当设置了"隐藏"属性时,若"文件夹选项"中设置"不显示隐藏文件、文件夹",则在系统中看不到该文件,若设置"显示隐藏文件、文件夹",则会显示。故 C 是不正确的。

10. 下面关于操作系统的说法,不正确的是_____。

  A. 操作系统属于系统软件范畴

  B. 操作系统与应用程序在计算机中运行时,两者互不相关、独立运行

  C. 操作系统为应用程序的开发和运行,提供高效方便的平台

  D. 操作系统不仅管理软件资源,而且管理硬件资源

【答案】 B

【解析】 操作系统是系统软件的核心,控制和管理着计算机所有硬件和软件资源,组织协调计算机的运行,为其他应用程序的开发和运行提供一个方便和高效的平台。用户通过操作系统使用计算机资源,它为用户提供了方便、高效、友好的使用界面。计算机系统分为若干个层次,从下层到上层依次是:硬件、基本输入输出系统(系统软件)、操作系统(系统软件)、其他系统软件(程序设计语言处理系统、数据库管理系统)及应用软件。通常上层软件可以调用下层软件中的模块,操作系统是应用软件运行的基础平台,为应用程序提供了可调用的程序模块及调用接口。操作系统与应用程序在计算机中运行时,应用程序调用了操作系统提供的功能。故 B 选项是不正确的。

11. 以下关于程序设计语言说法,正确的是_____。

  A. 机器语言是由 0 和 1 代码构成面向机器指令的语言,可以直接执行

  B. 汇编语言编写的程序可以在不同类型的机器上执行

  C. 高级语言编写的程序与人类的自然语言最接近,执行效率最高

  D. 高级语言编写的程序执行的效率都相同

【答案】 A

【解析】 CPU 只能运行由二进制代码表示的机器指令所组成的程序,即机器语言编写的程序,可以直接执行,且执行效率最高。故 A 选项是正确的。

汇编语言用助记符代替机器指令中的操作码,操作数使用十进制表示的语言,比较直观和便于识别记忆,可以提高一点效率。但它仍是面对机器指令,不同的机器其汇编程序语言不同,通用性比较差。故 B 选项是不正确的。

高级语言是接近人们自然语言的程序设计语言,其特点是通用、易学、易维护。但高级语言编写的程序,计算机不能直接识别和执行,必须经过编译或者解释程序翻译成机器语言才能执行。所以其执行效率显然没有机器语言高。故 C 选项不正确的。

高级语言不同于机器语言与汇编语言,是面向用户的,所以以不同的高级语言编写的程序适用的情况不同,编写的规则和运行的环境都有所不同,执行效率也会有区别。故 D 选项

不正确的。

12. 操作系统具有存储管理功能,它可以自动"扩充"内存容量,为用户提供一个容量比实际内存大得多的存储空间,采用的技术是_____。

    A. Cache 技术   B. 排队技术

    C. 缓冲区技术   D. 虚拟存储技术

【答案】 D

【解析】 虽然计算机内存的容量不断扩大,但相对应用程序的运行所需存储空间的不断增加,容量总是有限的。为了满足用户的要求并改善系统性能,可借助于虚拟存储技术,从逻辑上扩充内存容量,使计算机可以运行对内存需求量远比物理内存大得多的程序任务。故 D 选项是正确的。

13. 将汇编语言转换成计算机可直接执行的机器语言的程序称为_____。

    A. 编译程序   B. 解释程序   C. 汇编程序   D. 目标程序

【答案】 C

【解析】 用汇编语言和高级程序设计语言编写的程序,是不能直接在计算机上执行的,必须将其转化为计算机能够识别的机器语言才能执行。汇编程序是把汇编语言源程序翻译成机器语言目标程序的翻译程序。将高级语言编写的程序按源程序中语句的执行顺序,逐条翻译并立即执行相应功能的翻译程序,称为解释程序。将用高级语言编写的源程序整个翻译成机器指令代码组成的目标程序,然后再执行的程序,称为编译程序。故 C 选项是正确的。

14. 操作系统将 CPU 的时间资源划分为极短的时间片,轮流分配给各终端用户,使终端用户单独分享 CPU 的时间片,有独占计算机的感觉,这种操作系统称为_____。

    A. 分时操作系统   B. 实时操作系统

    C. 批处理操作系统   D. 分布式操作系统

【答案】 A

【解析】 实时操作系统用于需求快速响应和即时处理的应用领域,是指计算机对于外来信息能够在被控对象允许的时间范围内,以足够快地速度反应和处理。批处理操作系统是指用户将一批作业有序地排在一起形成一个作业流,计算机系统自动、顺序地执行作业流。嵌入式操作系统,在嵌入式系统环境中运行,担当着统一协调、调度、指挥和控制角色的操作系统。分时操作系统把 CPU 的处理时间分成一些小时间片供多个用户轮流使用,即"时间片轮转"的方法。在分时系统管理下,虽然各用户使用的是同一台计算机,但却让个用户有自己在"独占计算机"的感觉。故 A 选项正确。

15. 以下常见操作系统的叙述中,正确的是_____。

    A. Windows 系统是 PC 上应用最广泛的操作系统,但不能支持触摸屏操作

    B. UNIX 是目前最流行的多用户实时操作系统

    C. iOS 操作系统与 Android 操作系统不兼容,但内核都属于类 UNIX 系统

    D. Linux 操作系统是一个源代码公开的免费软件

【答案】 C

【解析】 Windows 操作系统是 PC 机上应用最广泛的操作系统,微软公司于 2012 年推出了 Windows 8 操作系统,提供了对触摸屏的支持。2015 年微软推出了跨平台最多的操作

系统 Windows 10。故 A 选项是不正确的。UNIX 操作系统和 Linux 操作系统是目前广泛使用的主流操作系统。UNIX 最先是美国 Bell 实验室开发的一种通用的多用分时操作系统。故 B 选项是不正确的。Linux 内核的原创者是一名青年学者,它是一个自由软件,源代码公开,任何人都可以对 Linux 内核进行修改、传播甚至出售。所以 Linux 操作系统是一个源代码公开的免费软件说法是不严谨的,修改后重新发行,是可以进行销售的。故 D 选项是不正确的。现在智能手机/平板电脑使用最多的 Android 和 iOS 操作系统,它们的内核都属于类 UNIX 系统。iOS 操作系统与 Android 操作系统不兼容,iOS 不支持非苹果的硬件设备,只支持 iPhone 手机、iPad 平板电脑和 iPod touch 播放器。故 C 选项是正确的。

3.3 自 测 题

1. 以下_____编写的程序,处理效率最高,执行速度最快。
   A. 机器语言　　　　B. 汇编语言　　　　C. 高级语言　　　　D. 自然语言

2. 下列软件中,全部是应用软件的是_____。
   A. WPS、Windows、Word
   B. PowerPoint、QQ、UNIX
   C. BIOS、Photoshop、FORTRAN 编译器
   D. PowerPoint、Excel、Word

3. 下列有关计算机软件的叙述中,不正确的是_____。
   A. 软件一般是指程序及其相关的数据和文档资料
   B. 从软件的用途考虑,软件可以分为系统软件和应用软件,主要的系统软件有操作系统、语言处理系统和数据库管理系统等
   C. 从软件的权益来考虑,软件可以分为商品软件、共享软件和自由软件,共享软件和自由软件均为无版权的免费软件
   D. Linux 是一种系统软件、自由软件

4. 汇编语言是一种_____。
   A. 计算机能直接执行的语言
   B. 依赖于计算机的低级程序设计语言
   C. 独立于计算机的高级程序设计语言
   D. 面向问题的程序设计语言

5. 下列关于软件的叙述中,不正确的是_____。
   A. 软件使用与特定用途的一整套程序、数据及相关的文档
   B. 共享软件是没有版权的软件、允许用户对其进行修改并散发
   C. 目前,Adobe Reader、360 杀毒软件是有版权的免费软件
   D. 操作系统、程序设计语言处理系统、数据库管理系统均属于系统软件

6. 软件按功能可以分为应用软件、系统软件。下列选项属于应用软件的是_____。
   A. 学生成绩管理系统　　　　　　　　B. C 语言编译程序
   C. UNIX 操作系统　　　　　　　　　D. 数据库管理系统

7. 计算机软件的确切含义是_____。

A. 系统软件与应用软件的总和

B. 操作系统、数据库管理系统与应用软件的总和

C. 各类应用软件的总称

D. 计算机程序、数据与相关文档的总称

8. 电子计算机最早的应用领域是_____。

    A. 数据处理   B. 科学计算   C. 工业控制   D. 文字处理

9. 下列说法不正确的是_____。

A. 汇编语言是一种依赖于计算机的低级程序设计语言

B. 计算机可以直接执行机器语言程序

C. 高级程序设计语言通常都具有执行效率高的特点

D. 为提高开发效率,开发软件时应尽量采用高级程序设计语言

10. 用 C 语言编写的程序称为_____。

    A. 可执行程序   B. 源程序   C. 目标程序   D. 编译程序

11. 下列程序设计语言是低级语言的是_____。

    A. FORTRAN 语言   B. Java 语言

    C. Visual Basic 语言   D. 80×86 汇编语言

12. PC 上广泛使用的 Windows 操作系统属于_____。

    A. 多任务操作系统   B. 单任务操作系统

    C. 实时操作系统   D. 批处理操作系统

13. 下列关于程序设计语言的叙述中,错误的是_____。

A. 虽然机器语言不易记忆、机器语言程序难以阅读和理解,但是执行效率最高的语言

B. 汇编语言与计算机的指令系统密切相关,不同类型的计算机,其汇编语言通常不同

C. Visual Basic 语言继承了 Basic 语言的简单、易学等特点和面对对象、事件驱动等的编程机制

D. Java 语言是一种适用于网络环境的程序设计语言,目前许多手机软件就是用 Java 编写的

14. 在计算机的应用中,OA 表示_____。

    A. 管理信息系统   B. 决策支持系统

    C. 办公自动化   D. 人工智能

15. 计算机中文件名的扩展名是_____。

    A. 只能命名为 com   B. 根据文件类型命名

    C. 随意命名的   D. 只能命名为 exe

16. 下列选项中,不是操作系统职能的是_____。

A. 管理计算机软硬件资源

B. 提供友善的人机界面

C. 消除计算机中的病毒

D. 为应用程序的开发和运行提供一个平台

17. 对于 Windows 操作系统而言,以下关于任务与程序说法不正确的是_____。

    A. 任务是已经启动执行的一个应用程序

    B. 一个程序可以产生多个任务

    C. 结束任务就是操作系统将任务所占用的内存资源收回

    D. 一个任务可以由多个程序产生

18. 在下列有关计算机软件的叙述中,正确的是_____。

    A. 所有存储在磁盘或光盘上的数字作品都是计算机软件

    B. 共享软件是一种具有版权的软件,它允许用户买前免费试用

    C. 计算机只有安装了操作系统之后,CPU 才能执行数据的存取和计算操作

    D. 目前 PC 只能使用 Windows 系列操作系统,均不能使用 UNIX 和 Linux 操作系统

19. 在 Windows 操作系统中,有些时候所有文件的扩展名都会"消失",而只出现主文件名,这是因为_____。

    A. 系统故障   B. 扩展名被省略

    C. 扩展名被隐藏   D. 扩展名被删除

20. 以下关于程序设计语言处理系统的叙述中,不正确的是_____。

    A. 汇编语言到机器语言的翻译程序,称为汇编程序

    B. 高级程序设计语言被执行有两种方式:一种是解释,一种是编译

    C. 解释程序和编译程序翻译高级程序设计语言时,都会生成目标程序

    D. 解释程序相对于编译程序的执行效率高

第4章 Windows 7 操作系统

4.1 学习目标

- 了解 Windows 7 的特点；
- 熟悉 Windows 7 的启动与退出；
- 熟悉 Windows 7 的桌面、窗口及窗口操作；
- 掌握文件和文件夹管理的基本操作。

4.2 例题解析

1. 下面关于 Windows 7 操作系统的叙述中,错误的是_____。

A. 在安装 Windows 7 的最低配置中,硬盘的基本要求是 16GB 以上可用空间

B. 允许用户同时打开多个窗口,但任一时刻只有一个是活动窗口

C. 使用磁盘清理可以清除磁盘中的临时文件等,释放磁盘空间

D. 正版 Windows 7 操作系统不需要激活即可使用

【答案】 D

【解析】 Windows 7 系统对硬件的最低配置：内存最低要求至少 1G,推荐 2G 以上；硬盘至少有 16G 以上存储空间。Windows 7 采用多任务处理,一个任务对应一个窗口,活动窗口对应前台任务,前台任务只有一个。磁盘清理程序搜索硬盘驱动器,然后列出临时文件、Internet 缓存文件和可以安全删除的不需要的程序文件,可以删除部分或全部的这些文件。系统激活是微软的防盗版手段,用以证明系统是正版的,方可连接到微软服务器上进行系统软件的更新同步以及功能的完善。

2. 在 Windows 7 中不可以完成窗口切换的方法是_____。

A. Alt+Tab

B. "Windows 徽标键"+Del

C. 单击要切换窗口的任何可见部位

D. 单击任务栏上要切换的应用程序按钮

【答案】 B

【解析】 "Windows 徽标键"：打开或关闭开始菜单；Del 键：删除文件的快捷键；"Windows 徽标键"+ T：切换任务栏上的程序(功能与 Alt+Tab 类似,只是不会打开一个单独的对话框)。

3. 下列关于回收站的说法,正确的是_____。

    A. 放入回收站中的文件,仍可再恢复

    B. 无法恢复放入回收站的单个文件

    C. 无法恢复放入回收站的多个文件

    D. 如果删除的是文件夹,只能恢复文件夹名,不能恢复其内容

【答案】 A

【解析】 回收站是 Windows 操作系统中的一个系统文件夹,主要用来存放用户临时删除的文件、文件夹、图片、快捷方式和 Web 页等文档资料,存放在回收站的文件可恢复。双击"回收站"图标,选择要恢复的文件、文件夹和快捷方式等(若要选择多个恢复项,可按下 Ctrl 键同时单击每个要恢复的项,也可以使用 Alt 键选择指定的一行),右击选择"还原"命令,即可恢复删除的项。已删除的文件、文件夹或快捷方式恢复后,将返回原来的位置。

4.3 自 测 题

1. Windows 7 系统是_____。

    A. 单用户单任务系统   B. 单用户多任务系统

    C. 多用户多任务系统   D. 多用户单任务系统

2. 安装 Windows 7 操作系统时,系统磁盘分区必须为_____格式才能安装。

    A. NTFS   B. FAT32   C. FAT16   D. FAT

3. 在 Windows 7 操作系统中,将打开窗口拖动到屏幕顶端,窗口将会_____。

    A. 最小化   B. 最大化   C. 关闭   D. 消失

4. 在 Windows 7 操作系统中,直接删除文件而不是移至回收站操作是_____。

    A. Alt+Delete   B. Ctrl+Delete   C. Shift+Delete   D. Esc +Delete

5. Windows 7 任务管理器不可用于_____。

    A. 启动应用程序   B. 创建应用程序

    C. 结束应用程序运行   D. 切换当前应用程序窗口

6. 磁盘扫描程序的作用是_____。

    A. 检查并修复磁盘汇总文件系统的逻辑错误

    B. 将不连续的文件合并在一起

    C. 扫描磁盘是否有裂痕

    D. 节省磁盘空间和提高磁盘运行速度

7. Window 7 开始菜单右下角的"关机"按钮不可以进行的操作是_____。

    A. 切换安全模式   B. 注销   C. 重新启动   D. 锁定

8. 下列关于文件或文件夹的操作的说法,正确的是_____。

    A. 可以执行"发送到可移动磁盘"命令,将文件移动到 U 盘

    B. 按住 Shift 键拖动至目标位置,可进行复制

    C. 使用左键拖动至目标位置,可进行复制

    D. 可使用右键拖动对象至目标位置,然后在弹出的快捷菜单中选择"复制到当前位置"命令

9. 下列选项中,不是任务栏按钮的显示方式的是_____。

    A. 并排
               B. 当任务栏被占满时合并

    C. 始终合并、隐藏标签
        D. 从不合并

10. 在 Windows 7 中删除某程序的快捷方式图标,表示_____。

    A. 隐藏了图标,删除了与该程序的联系

    B. 将图标存放在剪贴板上,同时删除了与该程序的联系

    C. 只删除了图标而没有删除该程序

    D. 既删除了图标,又删除该程序

11. 下列操作中,_____不是创建快捷方式的操作。

    A. 直接拖动该文件(夹)即可

    B. 按住 Alt 键拖动该文件(夹)至目标位置

    C. 右击文件(夹),在快捷菜单中选择"创建快捷方式"命令

    D. 右击文件(夹),在快捷菜单中选择"发送到"→"桌面快捷方式"命令

12. 下列正确的文件名是_____。

    A. VIA|.AVI
               B. CE! D.EXE

    C. L:CD.SYS
           D. A?.DLL

13. 在 Windows 7 中,在文件搜索框中输入 C? E. * ,则可搜索到_____。

    A. CASE.WMA   B. CED.AUI   C. CAES.TXT   D. CRE.MPG

14. 利用"控制面板"的"程序和功能"_____。

    A. 可以删除程序的快捷方式
        B. 可以删除 Windows 硬件驱动程序

    C. 可以删除 Windows 组件
        D. 可以删除 Word 文档模板

15. 使用屏幕保护程序,是为了_____。

    A. 保护程序
              B. 保护屏幕玻璃

    C. 防止他人乱动
           D. 延长显示器使用寿命

第 5 章 | 文字处理软件 Word 2010

5.1 学 习 目 标

- 掌握 Word 2010 文档的新建、保存和打开操作；
- 掌握 Word 2010 文字、段落和页面的格式设置；
- 掌握 Word 2010 图片的插入和设置；
- 熟悉 Word 2010 图形的绘制和特殊图形对象的使用；
- 了解 Word 2010 表格的创建、编辑、属性设置和数据处理。

5.2 例 题 解 析

1. 使用 Word 2010 进行文字编辑时，下面叙述中_____是错误的。

    A. Word 2010 可将正在编辑的文档另存为一个纯文本（TXT）文件

    B. 单击选项卡"文件"→"打开"命令，可以打开一个已存在的 Word 文档

    C. 打印预览时，打印机必须是已经开启的

    D. Word 2010 允许同时打开多个文档

【答案】 C

【解析】 Word 2010 可以打开一个已存在的 Word 文档，且允许同时打开多个文档；Word 2010 可将正在编辑的文档另存为纯文本文件、PDF 文件等。Word 2010 可通过"打印"命令从同一位置打印预览文件，打印预览将显示在主打印屏幕上。

2. 在 Word 2010 的编辑状态，打开文档 ABC. docx，修改后另存为 ABD. docx，则文档 ABC. docx _____。

    A. 未修改被关闭   B. 被文档 ABD 覆盖

    C. 被修改未关闭   D. 被修改并关闭

【答案】 A

【解析】 修改的内容存于另存为的 ABD. docx 文档中，同时自动关闭文档 ABC. docx，并将不保存修改的内容。

3. 将插入点定位于句子"飞流直下三千尺"中的"直"与"下"之间，按一下 Delete 键，则该句子_____。

    A. 变为"飞流下三千尺"   B. 变为"飞流直三千尺"

    C. 整句被删除   D. 不变

【答案】 B

【解析】 Delete 键删除插入点光标后面的字符，Backspace 键(退格键)删除插入点光标前面的字符。

4. 对于 Word 2010 中表格的叙述,正确的是_____。

    A. 表格中的数据不能进行公式计算   B. 只能在表格的外框画粗线

    C. 表格中的文本只能垂直居中   D. 可对表格中的数据排序

【答案】 D

【解析】 "表格工具"功能区的"布局"选项卡中的"数据"组的"公式"按钮可实现表格数据的公式计算;对表格的外框、内框、上框、下框、左框、右框等均可画粗线;表格中的文本可水平垂直同时居中;"表格工具"功能区的"布局"选项卡中的"数据"组的"排序"按钮可实现表格数据的排序。

5. 在 Word 2010 中,下列关于分栏操作的说法,正确的是_____。

    A. 可以将指定的段落分成指定宽度的两栏

    B. 任何视图下均可看到分栏效果

    C. 设置的各栏宽度和间距与页面宽度无关

    D. 栏与栏之间不可以设置分隔线

【答案】 A

【解析】 利用 Word 的分栏功能,能够使文本更方便地阅读,同时增加版面的活泼性,Word 2010 在分栏的外观设置上,具有很大的灵活性,可以控制栏数、栏宽、栏距、分隔线等。"分栏"按钮在"页面布局"选项卡上的"页面设置"组中,所以栏宽、栏距跟页面有关,分栏效果也只能在页面视图中看到。

5.3 自 测 题

1. Word 2010 中,任意行处连续单击鼠标左键三下,可选定_____。

    A. 一行   B. 一句   C. 一段   D. 整个文本

2. Word 2010 中,当剪贴板中的"复制"按钮呈灰色而不能使用时,表示的是_____。

    A. 剪贴板里有内容   B. 文档中已选定内容

    C. 剪贴板里没有内容   D. 文档中没有选定内容

3. Word 2010 中,如果选中表格的一个单元格,再按 Delete 键,则_____。

    A. 删除该单元格的内容   B. 删除该单元格所在的行

    C. 删除该单元格,下方单元格上移   D. 删除该单元格,右方单元格左移

4. 在 Word 2010 中可以在文档的每页或一页上打印一图形作为页面背景,这种特殊的文本效果被称为_____。

    A. 图形   B. 水印   C. 艺术字   D. 文本框

5. 在 Word 2010 中,无法实现的操作是_____。

    A. 在页眉中插入日期   B. 建立奇偶页不同的页面

    C. 在页面中插入剪贴画   D. 在页眉中插入分隔符

6. Word 2010 中,用户同时编辑多个文档,要一次将它们全部保存应_____操作。

A. 先添加"全部保存"按钮到"快速访问工具栏",然后单击"全部保存"按钮

B. 按住<Shift>键,单击选项卡"文件"→"全部保存"命令

C. 单击选项卡"文件"→"全部保存"命令

D. 单击选项卡"文件"→"另存为"命令

7. Word 2010 中,按钮 ↶ 的功能是_____。

    A. 设置下画线　　　　　　　　　　　B. 改变所选择内容的字体颜色

    C. 撤销上次操作　　　　　　　　　　D. 加粗

8. 关于 Word 2010 的特点,下列描述正确的是_____。

    A. 一定要通过使用"打印预览"才能看到打印出来的效果

    B. 即点即输

    C. 不能进行图文混排

    D. 无法检查常见的英文拼写及语法错误

9. 在 Word 2010 中使用标尺可以直接设置段落缩进,标尺顶部的三角形标记代表_____。

    A. 首行缩进　　　　B. 悬挂缩进　　　　C. 左缩进　　　　D. 右缩进

10. 在 Word 2010 中,"分节符"位于_____选项卡上。

    A. 开始　　　　　　B. 页面布局　　　　C. 插入　　　　D. 视图

11. 在 Word 2010 中,每个段落的段落标记在_____。

    A. 段落的中部　　　　　　　　　　　B. 段落中无法看到

    C. 段落的结尾处　　　　　　　　　　D. 段落的开始处

12. 在 Word 2010 中,想打印 1、3、8、9、10 页,应在"打印范围"中输入_____。

    A. 1、3、8、9、10　　　　　　　　　　B. 1、3、8-10

    C. 1,3,8-10　　　　　　　　　　　　D. 1-3-8-10

13. Word 2010 中插入图片的默认版式为_____。

    A. 嵌入型　　　　B. 紧密型　　　　C. 浮于文字上方　　　D. 四周型

14. 在 Word 中欲选定文档中的一个矩形区域,应在拖动鼠标前按_____键不放。

    A. Ctrl　　　　　　B. Alt　　　　　　C. Shift　　　　D. 空格

15. 能显示页眉和页脚的方式是_____。

    A. 普通视图　　　　B. 页面视图　　　　C. 大纲视图　　　　D. 全屏幕视图

第6章 电子表格软件 Excel 2010

6.1 学习目标

- 理解 Excel 2010 的基本概念；
- 了解 Excel 2010 工作簿的管理；
- 掌握 Excel 2010 工作表的数据的输入编辑、格式设置等基本操作；
- 熟悉 Excel 2010 工作表中公式和函数的使用；
- 掌握 Excel 2010 图表的创建和编辑操作；
- 熟悉 Excel 2010 工作表中数据清单的排序、筛选、分类汇总及数据透视表的操作。

6.2 例题解析

1. 在 Excel 2010 中，关于"删除"和"清除"的正确叙述是_____。

    A. 删除指定区域是将该区域中的数据连同单元格一起从工作表中删除；清除指定区域仅清除该区域中的数据，而单元格本身仍保留

    B. 删除的内容不可以恢复，清除的内容可以恢复

    C. 删除和清除均不移动单元格本身，但删除操作将原单元格清空，而清除操作将原单元格中内容变为 0

    D. Delete 键的功能相当于删除命令

【答案】 A

【解析】 撤销操作可撤回各种操作，包括删除和清除，内容均可恢复；删除对象是单元格，包括内容，会移动单元格；清除是清除单元格内容，不是将内容变为 0，但不能实现单元格的移动；Delete 键相当于清除内容命令。

2. 在 Excel 2010 中，若某单元格输入"="计算机文化"&"Excel""，则结果为_____。

    A. 计算机文化&Excel   B. "计算机文化"&"Excel"

    C. 计算机文化 Excel   D. 以上都不对

【答案】 C

【解析】 & 是连接符，如"=A1&A2"，即是把 A1 和 A2 的内容连接在一起形成新的字符串。

3. 在 Excel 2010 中，若将 B3 单元格中的公式"=C3+$D5"复制到同一工作表的 D7

单元格中,则该单元格公式为_____。

    A. ＝C3＋＄D5   B. ＝D7＋＄E9   C. ＝E7＋＄D9   D. ＝E7＋＄D5

【答案】 C

【解析】 B3 与 D7 的行号相差 4,列号相差 2,"＝C3＋＄D5"中相对地址行号 3、5 均加 4 得 7、9,相对地址列号 C,加 2 为 E,绝对地址＄D 保持不变。

4. 在 Excel 2010 中,以下关于自动筛选正确的说法是_____。

    A. 自动筛选只能对一个字段进行筛选

    B. 自动筛选可以对多个字段进行筛选,这些字段的关系是"或"关系

    C. 自动筛选可以对一个字段进行最多两个条件的筛选

    D. 自动筛选后,不符合条件的记录将被删除

【答案】 C

【解析】 自动筛选可以对多个字段进行筛选,这些字段的关系是"与"关系;自动筛选可以对一个字段进行最多两个条件的筛选,两个条件之间是"与"或者"或"的关系;自动筛选后,不符合条件的记录不会被删除,只是不显示出来。

5. 在 Excel 2010 费用明细表中,列标题为"日期""部门""报销金额"等,欲按部门统计报销金额,以下_____不能实现。

    A. 高级筛选   B. 用 SUMIF 函数计算

    C. 分类汇总   D. 用数据透视表计算汇总

【答案】 A

【解析】 先按部门排序,再按部门分类汇总统计各部门报销金额;SUMIF 函数条件区域为部门列,计算区域为报销金额,满足条件求和即可统计各部门报销金额;部门添加到行标签区域,报销金额添加到数值区域,即统计各部门报销金额;筛选不能进行计算,所以不能实现统计各部门报销金额。

6.3　自　测　题

1. 在 Excel 2010 中,给当前单元格输入数值型数据时,默认为_____。

    A. 随机   B. 左对齐   C. 居中   D. 右对齐

2. 在 Excel 2010 工作表单元格中,输入下列表达式_____是正确的。

    A. A2＋A3＋C4   B. ＝SUM(＄A＄2:＄A＄4)/3

    C. A2/C1   D. ＝SUM(A2:A4)＋"求和"

3. 在 Excel 2010 工作簿中,有关移动和复制工作表的说法,正确的是_____。

    A. 工作表可以复制或移动到其他工作簿中

    B. 工作表可以复制但不能移动到其他工作簿中

    C. 工作表只能在所在工作簿中复制,但不能移动

    D. 工作表只能在所在工作簿中移动,但不能复制

4. 在 Excel 2010 中,关于工作表与为其建立的嵌入式图表的说法,正确的是_____。

    A. 若删除工作表中的数据,则图表中的数据系列会相应删除

    B. 若增加工作表中的数据,则图表中的数据系列会相应增加

C. 若修改工作表中的数据,则图表中的数据系列会相应修改

D. 以上都正确

5. 在 Excel 2010 中,以下_____不是算术运算符。

A. ^   B. /   C. <>   D. %

6. 在 Excel 2010 中,给工作表设置背景,可以通过下列_____选项卡完成。

A. "开始"   B. "插入"   C. "页面布局"   D. "视图"

7. 在 Excel 2010 中,下列_____是正确的区域表示法。

A. B1>D3   B. B1. D3   C. B1♯D3   D. B1:D3

8. 在 Excel 2010 中,下列操作不能删除一行的是_____。

A. 右击任意单元格,从弹出菜单中选"删除"命令,再选"整行"选项

B. 选中任意单元格,从"编辑"菜单中选"删除"命令,再选"整行"选项

C. 右击工作表标签,选"删除"命令

D. 单击某行的行号以选中一行,再右击该行的任意单元格,选"删除"命令

9. Excel 2010 除了能进行一般表格处理功能外,还具有强大的_____功能。

A. 复制   B. 数据检查   C. 图表处理   D. 数据计算

10. 在 Excel 2010 中,使用填充柄填充具有增减性的数据时_____。

A. 数据不会改变   B. 向右或向下拖时,数剧增

C. 向右或向下拖时,数据减   D. 向上或向下拖时,数据增

11. 在 Excel 2010 中,通常在单元格内出现♯♯♯♯符号时,表明_____。

A. 显示的是字符串♯♯♯♯   B. 列宽不够,无法显示数值数据

C. 数值溢出   D. 计算错误

12. 在 Excel 2010 中,复制公式时,为使公式中的_____,必须使用绝对地址(引用)。

A. 单元格地址随新位置而变化   B. 范围随新位置而变化

C. 范围不随新位置而变化   D. 范围大小随新位置而变化

13. 在 Excel 2010 中,打印工作簿时,以下表述中,_____是错误的。

A. 一次可以打印整个工作簿

B. 一次可以打印一个工作簿中的一个或多个工作表

C. 在一个工作表中可以只打印某一页

D. 不能只打印一个工作表中的一个区域位置

14. 在 Excel 2010 中,可同时打开_____个工作表。

A. 253   B. 254   C. 255   D. 256

15. 下列有关 Excel 2010 排序的说法中,不正确的是_____。

A. "排序"对话框可以选择排序方式只有递增和递减两种

B. "排序"对话框只有标题行和无标题行两种选择

C. 单击"数据"选项卡的"排序"按钮,可以实现对工作表数据的排序功能

D. 对工作表数据进行排序,如果在数据中的第一行包含列标记,可以使其排除在排序之外

第7章 | 演示文稿制作软件 PowerPoint 2010

7.1 学习目标

- 了解 PowerPoint 2010 幻灯片制作的基本知识；
- 掌握 PowerPoint 2010 多媒体幻灯片制作的基本方法；
- 熟悉 PowerPoint 2010 幻灯片的放映方式。

7.2 例题解析

1. 在 PowerPoint 2010 中，同时选中多个形状后，若用鼠标旋转一个图片的角度，则_____。

  A. 只改变一个图形的角度   B. 系统提示非法操作

  C. 改变所有图片的角度   D. 只有该图片处于选中状态

【答案】 C

【解析】 同时选中多个形状，这多个形状即是一个整体，旋转的对象也是整体，因而选中的所有图片的角度一起改变。

2. 在 PowerPoint 2010 中，幻灯片母版的主要用途不包括_____。

  A. 设定幻灯片中的文本样式   B. 添加并修改幻灯片编号

  C. 隐藏幻灯片   D. 添加并修改幻灯片页脚

【答案】 C

【解析】 母版是一类特殊幻灯片，规定了演示文稿的文本、背景、日期及页码格式，对母版的任何修改会体现在很多幻灯片上。隐藏幻灯片不能在母版里实现。

3. 在 PowerPoint 2010 的_____下，可以用拖动方法改变幻灯片顺序。

  A. 幻灯片视图   B. 阅读视图

  C. 幻灯片放映   D. 幻灯片浏览视图

【答案】 D

【解析】 PowerPoint 2010 演示文稿的视图有普通视图、幻灯片浏览视图、阅读视图和幻灯片放映视图。在阅读视图下，演示文稿的幻灯片将以窗口大小进行放映；在幻灯片放映视图下，可以看到演示文稿的最后效果；在普通视图和幻灯片浏览视图下可用拖动方法改变幻灯片的顺序。

7.3 自 测 题

1. PowerPoint 2010 的演示文稿与幻灯片的关系是_____。
   A. 演示文稿和幻灯片没有联系
   B. 演示文稿和幻灯片是同一个对象
   C. 幻灯片由若干个演示文稿组成
   D. 演示文稿由若干个幻灯片组成

2. 关于 PowerPoint 2010 的幻灯片动画效果,下列说法不正确的是_____。
   A. 幻灯片文本不能设置动画效果
   B. 对幻灯片中的对象可以设置打字机效果
   C. 动画顺序决定了对象在幻灯片中出场的先后次序
   D. 如果要对幻灯片中的对象进行详细的动画效果设置,就应该使用自定义动画

3. PowerPoint 2010 提供的幻灯片模板,不能解决幻灯片的_____。
   A. 文字格式　　　　B. 文字颜色　　　　C. 背景图案　　　　D. 页眉页脚

4. 在 PowerPoint 2010 的"切换"选项卡中,不可以进行的操作是_____。
   A. 设置幻灯片切换效果的持续时间　　　B. 设置幻灯片的换片方式
   C. 设置幻灯片的版式　　　　　　　　　D. 设置幻灯片的切换效果

5. 下列关于 PowerPoint 2010 幻灯片母版的说法错误的是_____。
   A. 在幻灯片母版中可以应用自定义主题
   B. 在幻灯片母版中可以更改编号的格式以及位置
   C. 在幻灯片母版中插入编号后,便可在每张幻灯片中显示
   D. 在幻灯片母版中插入图片,在所有幻灯片中都可出现此图片

6. 在 PowerPoint 2010 演示文稿中只播放几张不连续的幻灯片,应_____中设置。
   A. 在"幻灯片放映"中的"广播幻灯片"
   B. 在"幻灯片放映"中的"录制演示文稿"
   C. 在"幻灯片放映"中的"设置幻灯片放映"
   D. 在"幻灯片放映"中的"自定义幻灯片放映"

7. 在 PowerPoint 2010 中插入图片,下列说法错误的是_____。
   A. 在插入图片之前不能预览图片
   B. 允许插入在其他图形程序中创建的图片
   C. 单击"插入"选项卡中的"图片"按钮,打开"插入图片"对话框
   D. 为了将某种格式的图片插入到幻灯片中,必须安装相应的图形过滤器

8. 在 PowerPoint 2010 中,下列关于幻灯片主题的说法,错误的是_____。
   A. 可以应用于指定幻灯片　　　　　　　B. 可以应用于所有幻灯片
   C. 可以在"文件"选项卡中更改　　　　　D. 可以对已使用的主题进行更改

9. 在 PowerPoint 2010 中,更改超链接文字的颜色在_____选项卡_____组中。
   A. 设计、主题　　　　　　　　　　　　B. 设计、背景
   C. 开始、字体　　　　　　　　　　　　D. 开始、编辑

10. 在 PowerPoint 2010 中,不可设置_____。

    A. 方向　　　　　　　B. 大小　　　　　　　C. 页码　　　　　　　D. 编号起始位置

11. 在 PowerPoint 2010 中,以下说法正确的是_____。

    A. 能把文件保存为 jpg 格式　　　　　　B. 不能把文件保存为 pdf 格式

    C. 能把文件保存为 xls 格式　　　　　　D. 不能把文件保存为 xml 格式

12. 在 PowerPoint 2010 中,制作成功的幻灯片,如果为了以后打开是自动播放,应该在制作完成后另存为的格式是_____。

    A. xlsx　　　　　　　B. ppsx　　　　　　　C. docx　　　　　　　D. pptx

13. 在 PowerPoint 2010 中建立超链接有两种方式:插入超链接和_____。

    A. 图片　　　　　　　B. 艺术字　　　　　　C. 动作按钮　　　　　D. 对象

14. 在 PowerPoint 2010 放映过程中,要中断放映,可直接按_____键。

    A. Ctrl+X　　　　　　B. Alt+F4　　　　　　C. Esc　　　　　　　　D. End

15. 在 PowerPoint 2010 中,下列关于表格的说法错误是_____。

    A. 可以改变列宽和行高　　　　　　　　　B. 可以给表格添加边框

    C. 可以合并和拆分单元格　　　　　　　　D. 不能向表格中插入新行和新列

第8章 ┃ 计算机网络与因特网

8.1 学 习 目 标

- 掌握计算机网络的基本概念：计算机网络的分类、数据通信、局域网等；
- 掌握局域网的分类：按拓扑结构分、按地域范围分；
- 掌握因特网基础：TCP/IP 协议、C/S 体系结构、IP 地址和接入方式；
- 掌握 IP 地址的分类、域名的概念以及 IP 地址和域名的关系；
- 掌握简单的因特网应用：IE 浏览器的使用、信息搜索、信息保存、FTP 下载、电子邮件的收发等。

8.2 例 题 解 析

1. 计算机网络的目标是实现_____。
    A. 数据处理   B. 文献检索
    C. 资源共享和信息传输   D. 信息传输

【答案】 C

【解析】 本题考查的是计算机组网的基本概念，计算机组网最初的目的就是实现数据共享和数据传输。随着计算机网络的不断发展，可以将计算机网络分为通信子网和资源子网两部分。通信子网的功能是负责全网的数据通信，资源子网的功能是提供各种网络资源和网络服务，实现网络的资源共享。

2. 下列各项中，非法的 IP 地址是_____。
    A. 202.96.12.14   B. 205.196.72.140
    C. 112.23.256.9   D. 172.58.99.129

【答案】 C

【解析】 本题考查的是 IP 地址的概念。IP 地址是 32 位二进制表示，为了便于记忆和使用方便，一般写成"点分十进制"格式。每一个字节写成其二进制对应的十进制数来表示，那么八位二进制数转换成十进制数的范围是 0～255。而 C 选项 IP 地址包含了 256，显然超出这个范围了，所以是非法的。

3. Internet 使用 TCP/IP 协议实现了全球范围的计算机网络的互连，连接在 Internet 上的每一台主机都有一个 IP 地址，下列可作为一台主机 IP 地址的是_____。
    A. 202.115.1.0   B. 202.115.1.255

　　　　C. 202.115.255.255　　　　　　　　　　D. 202.115.255.1

【答案】　D

【解析】　本题考查的是 IP 地址中主机地址的概念。为主机设置 IP 地址时,主机号全 0 表示的是网络号,主机号全 1 表示的是组播地址,所以主机号全 0 和全 1 的 IP 地址不具体分配给主机使用。A、B、C 选项是 C 类地址,最后 8 个比特表示主机号,因此为全 0 和全 1 都不行,只有 D 选项正确。

4. 下列有关因特网接入的叙述中,错误的是_____。

　　A. 采用电话拨号接入时,数据传输速率只能达几十 kbps

　　B. 采用 ADSL 接入时,网络的下行数据传输速率通常高于上行数据传输速率

　　C. 采用有线电视接入时,多个终端用户将共享连接段线路的带宽

　　D. 采用 ADSL 接入时,只需要 ADSL 调制解调器,不需要使用网卡

【答案】　D

【解析】　本题考查的是几种接入 Internet 方式的概念和特点。D 选项是错误的,任何连入到网络的计算机都需要安装网络适配器(也就是网卡),网卡可以是独立的,也可以是集成在主板芯片中。但是无论哪种形式的网卡,都有一个全球唯一的 MAC 地址,用来标识局域网的计算机。

5. http://www.sina.com.cn/index.html 中的 www.sina.com.cn 是指_____。

　　A. 一个主机的 IP 地址　　　　　　　　B. 一个 Web 主页

　　C. 一个 IP 地址　　　　　　　　　　　D. 一个主机的域名

【答案】　D

【解析】　本题考查的是 URL 的格式。对照 URL 的基本格式,http://域名或 IP 地址 [:端口号]/文件路径/文件名,那么题目中 www.sina.com.cn 应该指的是主机域名,所以选 D。

6. 通常把 IP 地址分为 A、B、C、D 和 E 五类,IP 地址 202.115.1.1 属于_____类。

　　A. A 类　　　　　　B. B 类　　　　　　C. C 类　　　　　　D. D 类

【答案】　C

【解析】　本题考查的是 IP 地址的分类概念。A、B、C、D、E 五类 IP 地址都有一定的格式规定,如 A 类地址就是 0 开头的 32 位二进制,转换成"点分十进制"就是首字节为 0~126 之间,B 类地址是 10 开头的 32 位二进制,转换成"点分十进制"就是首字节为 128~191 之间,C 类地址是 110 开头的 32 位二进制,转换成"点分十进制"就是首字节为 192~223 之间。因此题目中 IP 地址首字节 202,应该是 C 类地址。

7. 将异构的计算机网络进行互连通常使用的网络互联设备是_____。

　　A. 网桥　　　　　　B. 路由器　　　　　　C. 中继器　　　　　　D. 集线器

【答案】　B

【解析】　本题考查的是计算机网络互连的概念。路由器是连接异构网络的关键设备,本质上也是一种分组交换机。它屏蔽了各种网络的技术差异,将 IP 数据报正确送达目的计算机,确保了各种不同物理网络的无缝连接。而其他几个选项都不支持异构网络,一般在局域网内部使用。

8. 计算机网络中各个组成部分相互通信时都必须认同的一套规则称为网络协议。在

下列英文缩写中,_____不是网络协议。

    A. HTTP   B. TCP/IP   C. FTP   D. WWW

【答案】 D

【解析】 本题考查的是计算机网络中几个缩写的含义。HTTP 指的是超文本传输协议,TCP/IP 指的是所有连上网络的计算机都要遵循的网络协议,FTP 指的是文件传输协议。而 WWW 特指万维网、环球网、Web 网或 3W 网。

9. 域名为 http://www.nikon.com.cn 的网站,表示它是尼康_____公司的网站。

    A. 中国   B. 美国   C. 德国   D. 日本

【答案】 A

【解析】 本题考查的是域名的概念。域名的格式一般为"计算机名.网络名.机构名.最高域名"。因为互联网起源于美国,所以一般美国通常不使用国家代码作为第 1 级域名,其他都以国家作为第 1 级域名,也就是最高域名。该题目中最高域名 cn 表示的是中国,所以选择 A。

10. ADSL 是一种广域网接入技术,下面说法中错误的是_____。

    A. 能在电话线上得到三个信息通道:一个电话服务的通道,一个上行通道,一个高速下行通道

    B. 在线路两端加装 ADSL Modem 即可实现

    C. 比拨号上网的速度快,但是电话费却便宜很多,可节省费用

    D. 可同时使用电话和上网,互相没有影响

【答案】 C

【解析】 本题考查的是 ADSL 接入方式的特点。ADSL 接入到互联网需要使用 ADSL 调制解调器。可以在打电话的同时上网,互不干扰,且不产生额外的电话费用。下行速度较快,上行相对较慢。

11. 下列关于 Internet 网中主机、IP 地址和域名的叙述,错误的是_____。

    A. 一台主机只能有一个 IP 地址,与 IP 地址对应的域名也只能有一个

    B. 除美国以外,其他国家(地区)一般采用国家代码作为第 1 级(最高)域名

    C. 域名必须以字母或数字开头并结尾,整个域名长度不得超过 255 个字符

    D. 主机从一个网络移动到另一个网络时,其 IP 地址必须更换,但域名可以不变

【答案】 A

【解析】 本题考查的是主机、IP 地址和域名的概念。一台主机接入到因特网必须要 IP 地址,且该 IP 地址是与接入网的网络号保存一致。因为 IP 地址不便于记忆,可以给主机起个域名,一个 IP 地址可以对应多个域名,域名需满足命名规则,可以由数字、字母和连字符构成,且总长度不超过 255 个字符。当将主机从一个物理网络移动到另一个物理网络,IP 地址必须合适新的物理网络的网络号,但是域名可以不变。

12. 在利用 Outlook Express 收发电子邮件时,下列叙述中不正确的是_____。

    A. 一个用户可以同时使用多个邮件账号接收电子邮件

    B. 一个用户可以同时使用多个邮件账号发送电子邮件

    C. 可以将一封电子邮件同时发送给多个接收者

    D. 邮件的附件可以是任何类型的文件

【答案】 B

【解析】 本题考查的是 Outlook 的使用。Outlook 是一种邮件客户端程序,支持收发邮件功能。但是每次只能启用一个账户发送邮件,一封邮件可以通过抄送发送给不同的收信人。发送的邮件支持文本、数字、图像、声音等多媒体信息。

13. 下列网络协议中,与收、发、撰写电子邮件无关的协议是_____。

    A. POP3   B. SMTP   C. MIME   D. Telnet

【答案】 D

【解析】 本题考查的是电子邮箱的基本概念。POP3 指的是邮局协议第 3 版,是接收邮件的协议。SMTP 指的是简单邮件传输协议,用于把邮件从源地址传输到目的地址的通信规范。MIME 指的是多功能网际邮件扩充协议。Telnet 协议是 TCP/IP 协议族中的一员,是 Internet 远程登录服务的标准协议和主要方式。因此本题选择 D,它和电子邮件无关。

14. 公司(或机构)为了保障计算机网络系统的安全,防止外部人员对内部网的侵犯,一般都在内网与外网之间设置_____。

    A. 身份认证   B. 访问控制   C. 防火墙   D. 数字签名

【答案】 C

【解析】 本题考查的是防火墙的基本概念。身份认证、访问控制、数字签名都是网络信息安全的手段。但是要保证公司内网和外网之间的安全性,一般是设置防火墙。防火墙可以是软件也可以是硬件设备。

15. 下列各项中,正确的电子邮箱地址是_____。

    A. L101@sina.com.cn   B. LTL121♯yahoo.com

    C. Ac33.192.121.5   D. nau.yahoo.com

【答案】 A

【解析】 本题考查的是电子邮箱的邮件地址格式。邮件地址有固定的格式,包括两部分,中间用@符号隔开。@符号前面表示邮箱名,@符号后面表示邮件服务器的域名。例如,naujsj@163.com 就是表示一个网易的邮箱地址。

8.3 自 测 题

1. 下列_____介质一般不作为无线通信的传输介质。

    A. 无线电波   B. 微波   C. 激光   D. 超声波

2. 调制解调器用于在电话网上传输数字信号,下列叙述正确的是_____。

    ① 在发送端,将数字信号调制成模拟信号   ② 在发送端,将模拟信号调制成数字信号

    ③ 在接收端,将数字信号解调成模拟信号   ④ 在接收端,将模拟信号解调成数字信号

    A. ①③   B. ②④   C. ①④   D. ②③

3. 关于光纤通信,下列说法中错误的是_____。

    A. 发送光端机将发送的电信号转换成光信号

    B. 接收光端机将接收的光信号转换成电信号

    C. 光中继器用来补偿受到损耗的光信号

D. 无光/电、电/光转换的"全光网"永远不能实现

4. 下列有关通信中使用的传输介质的叙述中,错误的是_____。

    A. 计算机局域网中大多使用无屏蔽双绞线,其无中继有效传输距离大约100m

    B. 同轴电缆既可用于电视信号传输,也可用于计算机网络信息传输

    C. 光纤价格高,一般不在校园网和企业网中使用

    D. 微波的波长很短,适合于长距离、大容量无线通信

5. 下列关于分组交换的叙述中错误的是_____。

    A. 数据在传输时需要划分成若干小块,然后加上地址、编号等相关信息组成包以后再进行传输

    B. 分组交换机的基本工作模式是存储转发

    C. 网络中的所有交换机都有一张转发表

    D. 每个数据包都经过固定的数据链路到达目的地

6. 广域网是跨越很大地域范围的一种计算机网络,下面关于广域网的叙述中正确的是_____。

    A. 广域网是一种公用计算机网,所有计算机都可以无条件地接入广域网

    B. 广域网使用专用的通信线路,数据传输速率很高

    C. 广域网能连接任意多的计算机,也能将相距任意距离的计算机互连接起来

    D. 广域网像很多局域网一样按广播方式进行通信

7. 计算机网络按其所覆盖的地域范围一般可分为_____。

    A. 局域网、广域网和万维网   B. 局域网、广域网和互联网

    C. 局域网、城域网和广域网   D. 校园网、局域网和广域网

8. 计算机网络中数据传输速率是一个非常重要的性能指标,它指的是单位时间内有效传输的二进制位的数目。下面是一些计量单位:

① Kb/s;

② MB/s;

③ Mb/s;

④ Gb/s。

其中常用的是_____。

    A. ①和②   B. ②和④

    C. ①、③和④   D. ①、②、③和④

9. 以下关于网络操作系统的叙述正确的是_____。

    A. 广义而言,接入网络的每一台计算机必须安装网络操作系统

    B. 若一台计算机安装了网络操作系统,那么该计算机只有在连入网络的情况下才能正常工作,脱离网络后则无法启动和工作

    C. 网络中所有计算机上安装的网络操作系统必须是相同的

    D. 按客户/服务器模式工作的网络中,Windows XP既可以安装在服务器上,也可以安装在客户机上

10. 下列有关网络传输介质的叙述中正确的是_____。

A. 目前在计算机网络的长途(或主干)部分,光纤已全面取代了电缆

B. 无屏蔽双绞线支持的数据传送距离比屏蔽双绞线远

C. 计算机网络和有线电视中使用的同轴电缆是相同的

D. 电话线是性能价格比最好的传输介质。

11. 调制解调器的作用是_____。

A. 把计算机数字信号和模拟信号互相转换

B. 把计算机数字信号转换为音频信号

C. 把音频信号转换成为计算机数字信号

D. 防止外部病毒进入计算机中

12. 用户通过电话拨号上网时必须使用 Modem,其主要功能是_____。

A. 将数字信号与模拟信号进行转换

B. 对数字信号进行编码和解码

C. 将模拟信号进行放大

D. 对数字信号进行加密和解密

13. 分组交换机每收到一个包时,必须选择一条路径来转发这个包,所以网络中每台交换机都必须有一张表,用来给出目的地址与输出端口的关系,这张表是_____。

    A. 交换表   B. 数据表   C. 地址表   D. 路由表

14. 计算机局域网按拓扑结构进行分类,可分为环型、星型和_____型等。

    A. 电路交换   B. 以太   C. 总线   D. 对等

15. 以太网可以采用的传输介质有_____。

A. 光纤   B. 双绞线

C. 同轴电缆   D. 以上均可以

16. 局域网中每台主机的 MAC 地址_____。

A. 由用户设定

B. 由网络管理员设定

C. 由该计算机中所插网卡的生产厂家设定

D. 由该计算机中芯片组的生产厂家设定

17. 交换式以太网与总线式以太网在技术上有许多相同之处,下面叙述中错误的是_____。

A. 使用的传输介质相同   B. 网络拓扑结构相同

C. 传输的信息帧格式相同   D. 使用的网卡相同

18. 网卡(包含集成在主板上的网卡)是计算机联网的必要设备之一。在下列有关网卡的叙述中,错误的是_____。

A. 局域网中的每台计算机中都必须有网卡

B. 一台计算机中只能有一个网卡

C. 每个网卡上面都有一个全球唯一的编号

D. 网卡借助于网线或无线电波与网络连接

19. 在下列有关局域网与广域网的叙述中,错误的是_____。

A. 一般来说,局域网采用专用的传输介质,而广域网采用公用的通信介质

B. 一般来说,局域网采用广播方式进行信息的传输,而广域网采用点对点的方式进行传输

C. 局域网可以采用无线信道进行组网,而广域网不可能采用无线信道进行信息的传输

D. 因特网是一种典型的广域网,它的联网基础是 TCP/IP 协议

20. 以下关于无线局域网和有线局域网叙述错误的是_____。

    A. 两者使用的传输介质不同

    B. 两者使用的通信协议不同

    C. 两者使用的网卡不同

    D. 在组网及配置网络和维护网络方面,后者比前者更灵活

21. 接入广域网中的每台计算机都会有一个物理地址,该地址是_____。

    A. 由用户设定

    B. 由网络管理员设定

    C. 由该计算机中所插网卡的生产厂家设定

    D. 由与该计算机直接连接的交换机及其端口决定

22. 当局域网中的一台计算机向同一网络中的另一台计算机发送数据帧时,在数据帧中必须包含发送方主机和接收方主机的_____。

    A. MAC 地址   B. IP 地址   C. 域名   D. 计算机名

23. 人们往往会用"我用的是 10M 宽带上网"来说明计算机联网的性能,这里的 10M 指的是数据通信中的_____指标。

    A. 最高数据传输速率   B. 平均数据传输速率

    C. 每分钟数据流量   D. 每分钟 IP 数据包的数目

24. 在下列有关局域网的相关技术的叙述中,错误的是_____。

    A. 使用专门铺设的传输介质进行联网

    B. 每个网卡的介质访问地址(MAC 地址)是全球唯一的

    C. 无线局域网还不能完全脱离有线网络

    D. 局域网中互相连接的计算机可以是任意距离

25. 如果某 PC 使用 56kbps 的 Modem 拨号上网(接入 Internet),那么下载一个大小为 5.6MB 的文件,理论上最快需要_____s。

    A. 10   B. 100   C. 800   D. 6000

26. 下列关于无线局域网的叙述,正确的是_____。

    A. 由于不使用有线通信,无线局域网绝对安全

    B. 无线局域网的传播介质是高压电

    C. 无线局域网的安装和使用的便捷性吸引了很多用户

    D. 无线局域网在空气中传输数据,速度不限

27. 下列应用中,_____采用的不是对等工作模式(P2P)。

    A. QQ 即时通信   B. 电子邮件系统

    C. BT 下载   D. Windows 操作系统中的网上邻居

28. Internet 使用 TCP/IP 协议实现了全球范围的计算机网络的互连,连接在 Internet

上的每一台主机都有一个 IP 地址。以下 IP 地址中,不能分配给主机使用的是_____。

    A. 26.10.35.48   B. 202.119.23.0

    C. 130.24.35.48   D. 62.26.0.0

29. 主机 132.24.36.69 的网络号是_____。

    A. 132.0.0.0   B. 132.24.0.0

    C. 132.24.36.0   D. 132.24.255.255

30. 下列 4 项中,非法的 IP 地址是_____。

    A. 60.119.201.10   B. 201.129.59.260

    C. 21.45.67.16   D. 37.57.0.111

31. IP 地址 130.30.66.58 属于_____ IP 地址。

    A. A 类   B. B 类   C. C 类   D. D 类

32. 在校园网中,只分配 100 个 IP 地址给计算中心,但计算中心有 400 台计算机要接入 Internet,以下说法正确的是_____。

    A. 只能允许 100 台接入 Internet

    B. 由于 IP 地址不足,导致 300 台计算机无法设置 IP 地址,无法联网

    C. 计算机 IP 地址可任意设置,只要其中 100 台 IP 地址设置正确,便可保证 400 台计算机同时接入 Internet

    D. 安装代理服务器,动态分配 100 个 IP 地址给这 400 台计算机,便可保证 400 台计算机同时接入 Internet

33. 通过 ADSL Modem 和 Cable Modem 都可以接入宽带,下列叙述中错误的是_____。

    A. 用户始终处于连线状态

    B. 上网的同时可以拨打和接听电话或收看电视,两者互不影响

    C. 两种使用方式下,上网都需要缴纳费用

    D. 两者都采用频分多路复用技术来传输数据

34. 目前我国家庭计算机入户接入互联网的下述几种方法中,速度最快的是_____。

    A. 光纤入户   B. ADSL   C. 电话 Modem   D. X.25

35. 如果 IP 地址的主机号部分的每一位均为 0,该地址一般作为_____。

    A. 网络中主服务器的 IP 地址

    B. 网络地址,用来表示一个物理网络

    C. 备用的主机地址

    D. 直接广播地址

36. 在使用 IPv4 版本的因特网中,每台主机的 IP 地址都是唯一的,每个 IP 地址使用_____位的二进制编码表示。

    A. 4   B. 16   C. 32   D. 64

37. 下列哪一个地址是正确的 C 类地址_____。

    A. 20.15.12.6   B. 172.168.100.253

    C. 202.35.246.78   D. 220.78.256.28

38. 网络域名服务器 DNS 存放着所在网络中全部主机的_____。

    A. 域名   B. IP 地址

    C. 用户名和口令   D. 域名与 IP 地址对照表

39. Internet 中的 DNS 服务器负责实现_____的转换。

    A. 域名到 IP 地址   B. IP 地址到 MAC 地址

    C. MAC 地址到域名   D. 域名到 MAC 地址

40. 关于 TCP/IP 协议叙述错误的是_____。

    A. TCP/IP 协议已作为 UNIX、Windows 等操作系统的内核

    B. TCP/IP 协议中的 IP 协议属于传输层协议

    C. TCP/IP 协议是一个协议系列，它包含 100 多个协议，TCP、IP 协议是其中两个最基本、最重要的协议

    D. 通过网络互连层 IP 协议将底层不同的物理帧统一起来，使得 TCP/IP 协议适用于多种异构网络互连

41. 使用 Cable Modem 是常用的宽带接入方式之一。下面关于 Cable Modem 的叙述错误的是_____。

    A. 它利用现有的有线电视电缆作为传输介质

    B. 它的带宽很高，数据传输速度很快

    C. 用户可以始终处于连线状态，无需像电话 Modem 那样拨号后才能上网

    D. 在上网的同时不能收看电视节目

42. 在 Internet 域名系统中，com 表示_____。

    A. 公司或商务组织   B. 教育机构

    C. 政府机构   D. 非赢利组织

43. Internet 中主机名字由一系列的域和子域组成。下列关于主机名字的叙述中，错误的是_____。

    A. 所包含的子域名的个数通常不超过 5 个

    B. 从左到右，子域的级别依次升高

    C. 子域名之间可以用"."或"/"分隔

    D. DNS 用于主机名与 IP 地址间的自动转换

44. Internet 的域名结构是树状的，顶级域名不包括_____。

    A. USA   B. COM   C. EDU   D. CN

45. 目前世界上规模最大的计算机广域网是 Internet。在下列叙述中，不正确的是_____。

    A. 整个 Internet 中，每个接点（入网的主机）都有一个唯一的地址，称为 IP 地址

    B. Internet 中主机的名字由一系列的子域名组成，从左到右子域的级别依次降低

    C. Internet 由主干网、地区网和校园网（或企业网或部门网）三级组成

    D. ADSL 和 ISDN 均是利用电话线上网，但 ADSL 的上网速度理论上比 ISDN 快

46. 某主机的 IP 地址为 202.113.25.55，该主机所在网络的直接广播地址为_____。

    A. 255.255.255.255   B. 202.113.25.240

    C. 255.255.255.55   D. 202.113.25.255

47. IP 地址是一串很难记忆的数字，于是人们发明了_____，给主机赋予一个用字母

代表的名字,并进行 IP 地址与名字之间的转换工作。

    A. DNS 域名系统   B. Windows NT 系统

    C. UNIX 系统   D. 数据库

48. 某用户在上网时,在 WWW 浏览器地址栏内键入一个 URL:http://www.weather.com.cn/weather/abc.html,其中 http 代表_____。

    A. 协议类型   D. 主机域名

    C. 路径及文件名   D. 用户名

49. 关于 FTP,下列说法错误的是_____。

    A. FTP 是指把网络中一台计算机上的文件移动或复制到另一台计算机上

    B. FTP 实质上是文件传输服务必须遵循的一种协议

    C. FTP 按客户/服务器模式工作

    D. 使用 FTP 进行文件传输时,一次只能传输一个文件

50. 电子邮件是 Internet 最主要的和最常用的功能,下列关于电子邮件的描述不正确的是_____。

    A. 电子邮件的传递速度非常快,可以做到及时传递

    B. 电子邮件系统遵从 C/S 模式

    C. 电子邮件是一种节省的通信手段,它的费用比传真和长途电话低很多

    D. 可以发送包括文字和声音信息,但不能发送图像信息

第 2 篇　实验指导篇

第1单元 Windows 7 操作系统

实验 1　文件与文件夹管理

一、实验目的

- 掌握 Windows 资源管理器的使用；
- 掌握文件和文件夹的建立和删除；
- 掌握中文输入操作；
- 掌握文件的复制、移动、删除、重命名的操作；
- 掌握文件和文件夹属性的设置；
- 掌握文件和文件夹的搜索方法；
- 掌握快捷方式的建立与使用；
- 掌握回收站的管理；
- 掌握文件和文件夹加密。

二、实验准备

- 复习《大学计算机基础教程》第 4 章相关内容；
- 启动 Windows 资源管理器。

三、实验内容

(1) 在 D 盘根目录下创建如图 1-1 所示的文件夹结构(无扩展名的为文件夹)。

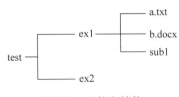

图 1-1　文件夹结构

(2) 在 a. txt 文本文件中,输入自己的学号、姓名、专业、籍贯信息。

(3) 将 a. txt 文件移动到 sub1 文件夹下。

(4) 将 b. docx 文件复制到 ex2 文件夹下,并重命名为 abc. docx 文件。

(5) 在 D 盘 test 文件夹下搜索名字中含有字母 b 的文件或文件夹。

（6）删除找到的名字中含有字母 b 的文件或文件夹。

（7）从回收站中恢复 sub1 文件夹到原来的位置。

（8）设置 a.txt 文件的属性为只读。

（9）在桌面上创建 sub1 文件夹的快捷方式，快捷方式的名称为"我的练习"。

（10）将 test 文件夹加密。

四、实验步骤

1. 创建文件目录

【操作要求】

在 D 盘根目录下创建如图 1-1 所示的文件夹结构。

【操作步骤】

① 启动"Windows 资源管理器"后，用鼠标单击"Windows 资源管理器"左侧窗格中"计算机"标签下方的 D 盘驱动器图标，浏览 D 盘的文件夹结构。

② 在 D 盘根目录下，在"Windows 资源管理器"右侧窗格的空白区域，右击，在弹出的快捷菜单中执行"新建"→"文件夹"命令，此时在右侧窗格中出现一个名为"新建文件夹"的文件夹。也可以单击工具栏上的"新建文件夹"按钮，创建新的空文件夹。

③ 输入一个新名称 test，然后按 Enter 键或单击该方框外的任一位置，则新文件夹 test 创建好了。

④ 双击 test 文件夹，进入 D:\test 文件夹下，用步骤②、③的方法，创建新文件夹 ex1 和 ex2，双击 ex1 文件夹，进入 D:\test\ex1 文件夹下，创建新的子文件夹 sub1。

⑤ 在 D:\test\ex1 文件夹下，在空白区域右击，在弹出的快捷菜单中选择"新建"→"文本文档"命令，此时在右侧窗格中出现一个名为"新建文本文档"的文件，输入一个新名称 a，然后按 Enter 键或单击该方框外的任一位置，则新文件 a.txt 创建好了。

⑥ 在 D:\test\ex1 文件夹下，在空白区域右击，在弹出的快捷菜单中选择"新建"→"Microsoft Word 文档"命令，此时在右侧窗格中出现一个名为"新建 Microsoft Word 文档"的文件，输入新名称 b，然后按 Enter 键或单击该方框外的任一位置，则新文件 b.docx 创建好了。

2. 输入文字

【操作要求】

在 a.txt 文本文件中，输入自己的学号、姓名、专业、籍贯信息。

【操作步骤】

① 在"Windows 资源管理器"右侧窗格中，选择 D:\test\ex1 文件夹下的 a.txt，双击该文档，系统自动运行记事本程序 Notepad.exe，同时打开该文件，在光标位置输入"自己的学号、姓名、专业、籍贯"，如"12010111，张三，计算机应用，江苏扬州"。

② 单击"保存"按钮或执行"文件"→"保存"命令，将文档存盘。

③ 单击"关闭"按钮或执行"文件"→"退出"命令，退出记事本。

3. 移动操作

【操作要求】

将 a.txt 文件移动到 sub1 文件夹下。

【操作步骤】

① 选择 D:\test\ex1 文件夹下的 a. txt,右击该文件,在弹出的快捷菜单中选择"剪切"命令,或者单击"编辑"→"剪切"命令,或者按快捷键 Ctrl+X。

② 选择新位置,在 D:\test\ex1\sub1 文件夹下,在空白区域右击,在弹出的快捷菜单中选择"粘贴"命令,或者单击"编辑"→"粘贴"命令,或者按快捷键 Ctrl+V。

4. 复制与重命名操作

【操作要求】

将 b. docx 文件复制到 ex2 文件夹下,并重命名为 abc. docx 文件。

【操作步骤】

① 选择 D:\test\ex1 文件夹下的 b. docx,右击该文件,在弹出的快捷菜单中选择"复制"命令,或者单击"编辑"→"复制"命令,或者按快捷键 Ctrl+C。

② 选择新位置,在 D:\test\ex2 文件夹下,在空白区域右击,在弹出的快捷菜单中选择"粘贴"命令,或者单击"编辑"→"粘贴"命令,或者按快捷键 Ctrl+V。

③ 右击 ex2 文件夹下的 b. docx 文档,在弹出的快捷菜单中选择"重命名"命令,此时文件名"b. docx"呈现反白显示。

④ 输入新文件名 abc. docx,按 Enter 键即可。

5. 查找操作

【操作要求】

在 D 盘 test 文件夹下搜索名字中含有字母 b 的文件或文件夹。

【操作步骤】

① 单击"开始"按钮,在弹出的"开始"菜单中选择"计算机",打开"计算机"文件夹。

② 双击 D 盘,进入 D 盘根目录下,双击 test 文件夹,在"搜索栏"中输入"＊b＊",随着用户输入,在工作区窗格中智能显示搜索结果,如图 1-2 所示。

图 1-2　test 中的搜索结果

Windows 7 操作系统

6. 删除文件或文件夹

【操作要求】

删除找到的名字中含有字母 b 的文件或文件夹。

【操作步骤】

① 搜索完成后,在图 1-2 所示的搜索结果中,将名字中含有字母 b 的文件或文件夹全部选中,可使用快捷键 Ctrl+A。

② 单击"文件"→"删除"命令,或者右击,在弹出的快捷菜单中选择"删除"命令,则名字中含有字母 b 的文件或文件夹被删除,放入"回收站"中。

注意:这里的删除并没有把选中的文件或文件夹真正从磁盘上删除掉,只是将它们移到了"回收站"里,是可以恢复的。

7. 恢复文件或文件夹

【操作要求】

从回收站中恢复 sub1 文件夹到原来的位置。

【操作步骤】

双击桌面"回收站"的图标,弹出"回收站"窗口,选中 sub1 文件夹,单击"文件"→"还原"命令,则从回收站中恢复 sub1 文件夹到原来的 D:\test\ex1 文件夹下。

8. 设置文件属性

【操作要求】

设置 a.txt 文件的属性为只读。

【操作步骤】

① 选择 D:\test\ex1\sub1 文件夹下的 a.txt 文件,右击该文本文档,在弹出的快捷菜单中选择"属性"命令,弹出"文件属性"窗口。

② 勾选"只读"复选框,则 a.txt 文件的属性设置为只读。

9. 创建快捷方式

【操作要求】

在桌面上创建 sub1 文件夹的快捷方式,快捷方式的名称为"我的练习"。

【操作步骤】

① 选择 D:\test\ex1\sub1 文件夹,右击该文件夹,在弹出的快捷菜单中选择"发送到"→"桌面快捷方式"命令。

② 打开桌面界面,在桌面上会有一个快捷方式"sub1",右击该快捷方式,在弹出的快捷菜单中选择"重命名"命令。

③ 输入新的名称"我的练习"。

10. 文件加密

【操作要求】

将 test 文件夹加密。

【操作步骤】

① 选择 D:\test\ex1\sub1 文件夹,右击该文件夹,在弹出的快捷菜单中选择"属性"命令,打开"属性"对话框。

② 在"常规"选项卡中,单击"高级"按钮,打开"高级属性"对话框,勾选"压缩或加密属

性"框中的"加密内容以便保护数据"复选框,单击"确定"按钮。

③ 返回"属性"对话框,单击"应用"按钮,打开"确认属性更改"对话框,选择"将更改应用与此文件夹、子文件夹和文件"单选按钮,单击"确定"按钮。

注意:加密文件和文件夹必须在 NTFS 文件格式的分区上才能实现。因此,首先要确保 D 盘为 NTFS 文件格式。

五、思考与实践

1. 如何在"资源管理器"中复制、删除、移动、重命名文件和文件夹?

2. 如何查找硬盘上所有文件类型为".bmp"的文件?

3. 快捷方式有几种创建方法?"画图"程序的快捷方式如何创建?

4. 如何查看隐藏的文件与文件夹?

实验 2　操作系统的高级应用

一、实验目的

- 掌握任务管理器的使用;
- 掌握 Windows 控制面板的使用;
- 掌握系统个性化设置的常用方法;
- 掌握用户账户和组的设置方法;
- 掌握磁盘优化的方法;
- 了解注册表的使用方法。

二、实验准备

启动 Windows 7 操作系统。

三、实验内容

(1) 使用"任务管理器"关闭、打开应用程序,查看系统运行状态。

(2) 手动解决程序兼容性问题。

(3) 设置个性化桌面。

(4) 创建用户账户。

(5) 整理磁盘碎片。

(6) 修改系统注册表。

四、实验步骤

1. 使用"任务管理器"关闭、打开应用程序,查看系统运行状态

(1) 启动任务管理器。

按下 Ctrl＋Alt＋Del 组合键进入任务选择界面,然后从中选择"启动任务管理器"选项。或者在"任务栏"空白处右击,在弹出的快捷菜单中选择"启动任务管理器"菜单项,弹出

"Windows 任务管理器"窗口。

（2）查看并管理运行的应用程序。

在"Windows 任务管理器"窗口中，选择"应用程序"选项卡，如图 1-3 所示，用户在此选项卡中可以关闭正在运行的应用程序，只要在程序列表中选中相应程序，然后单击"结束任务"按钮，即可关闭选中的应用程序。

图 1-3 "Windows 任务管理器"窗口

用户在该选项卡中还可以切换到其他应用程序以及启动新的应用程序。例如，打开"画图"程序，操作步骤如下。

在"应用程序"选项卡中，单击"新任务"按钮，打开如图 1-4 所示的"创建新任务"对话框，在"打开"右侧的文本框中输入 mspaint.exe，单击"确定"按钮。随后，系统打开附件中的"画图"程序。

图 1-4 "创建新任务"对话框

（3）查看系统运行状态。

在"Windows 任务管理器"窗口中，选择"性能"选项卡，如图 1-5 所示，在此选项卡中可以看到 CPU 的使用情况、内存使用率、页面使用记录、进程数等各项参数。

图 1-5　任务管理器"性能"选项卡

（4）查看、管理计算机进程。

在"Windows 任务管理器"窗口中，选择"进程"选项卡，如图 1-6 所示，在此选项卡中，显示了各个进程的名称、用户名以及所占用的 CPU 时间和内存的使用情况等。

图 1-6　任务管理器"进程"选项卡

2. 解决程序兼容性问题

【操作要求】

手动解决 Microsoft Visual FoxPro 6.0 程序的兼容性问题。

【操作步骤】

① 单击"开始"按钮，在"所有程序"中找到 Microsoft Visual FoxPro 6.0 应用程序，右

击该应用程序,在弹出的快捷菜单中选择"属性"命令,打开"属性"对话框,如图 1-7 所示。

图 1-7　手动设置兼容性

② 在"属性"对话框中,切换到"兼容性"选项卡。勾选"以兼容模式运行这个程序"复选框,在下拉列表框中选择一种与该应用程序兼容的操作系统版本,如"Windows XP(Service Pack 2)"。

③ 默认情况下,上述修改仅对当前用户有效,若希望对所有用户账号均有效,则单击对话框下方的"更改所有用户的设置"按钮,进行兼容模式设置即可。

④ 单击"确定"按钮完成操作。

3. 设置个性化桌面

1) 设置桌面主题与背景

【操作要求】

将计算机的桌面主题设置为"人物"主题,用户自定义桌面背景。

【操作步骤】

① 右击桌面空白处,在弹出的快捷菜单中选择"个性化"选项,打开"个性化"设置面板,如图 1-8 所示。

② 在"Aero"主题下预置了多个主题,直接单击"人物"主题即可。

③ 在"个性化"设置面板下方单击"桌面背景"图标,打开"桌面背景"面板,如图 1-9 所示,可选择单张或多张系统内置图片。

④ 当选择了多张图片作为桌面背景后,图片会定时自动切换。可以在"更改图片时间间隔"下拉列表框中设置切换间隔时间,也可以选择"无序播放"选项实现图片随机播放,还可以通过"图片位置"设置图片显示效果(如"平铺")。

⑤ 单击"保存修改"按钮完成操作。

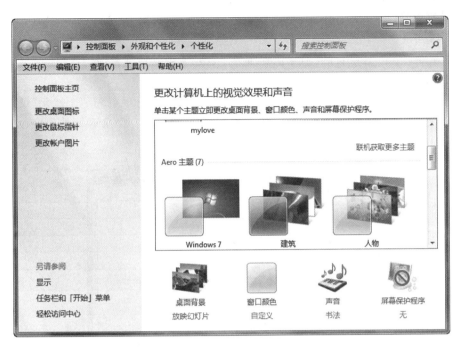

图 1-8　"个性化"设置面板

图 1-9　自定义桌面背景

2）设置屏幕保护程序

【操作要求】

设置等待 10min 后,出现屏幕保护程序为"气泡"或者其他一种保护程序。

【操作步骤】

① 右击桌面空白处,在弹出的快捷菜单中选择"个性化"选项,打开"个性化"设置面板。

② 在"个性化"设置面板下方单击"屏幕保护程序"图标,打开"屏幕保护程序设置"对话框,如图 1-10 所示。

图 1-10　"屏幕保护程序设置"对话框

③ 在"屏幕保护程序"下方的下拉列表框中,选择"气泡"。"等待"微调框中调整等待时间为 10min,可单击"预览"按钮观察屏幕保护效果。

④ 单击"应用"按钮,然后单击"确定"按钮。

3）设置显示器属性

【操作要求】

设置显示器分辨率为 1024×768,颜色质量为 32 位。

【操作步骤】

① 右击桌面空白处,在弹出的快捷菜单中选择"屏幕分辨率"选项,打开"屏幕分辨率"面板,如图 1-11 所示。

② 在"分辨率"下拉列表框中,将分辨率调整为 1024×768。

③ 单击右侧的"高级设置"链接,然后单击"监视器"选项卡。在"颜色"下方的下拉列表框中选择"真彩色(32 位)",然后单击"确定"按钮,如图 1-12 所示。

图 1-11 "屏幕分辨率"面板

图 1-12 设置监视器颜色

④ 系统自动弹出"显示设置"提示框,如图 1-13 所示,询问"是否要保留这些显示设置?",单击"是"按钮,采用刚才的设置。单击"否"按钮,恢复之前的状态。

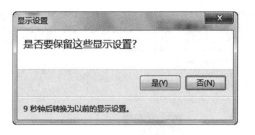

图 1-13 "显示设置"提示框

4. 创建用户账户

【操作要求】

创建一个名为 student 的系统管理员新账户。

【操作步骤】

① 单击"开始"菜单→"控制面板"命令，打开"控制面板"，单击"用户账户和家庭安全"链接，弹出如图 1-14 所示的窗口。

图 1-14 "用户账户和家庭安全"窗口

② 在"用户账户和家庭安全"窗口中，单击"添加或删除用户账户"链接，在窗口的左下方单击"创建一个新账户"链接，弹出"命名账户并选择账户类型"窗口，如图 1-15 所示。

③ 在文本框中输入新用户的账户名称，如 student。选择"管理员"选项，然后单击"创建账户"按钮，新账户创建完成。

5. 整理磁盘碎片

【操作要求】

整理 C 盘磁盘碎片，并设置定期在每周五 1：00 整理磁盘碎片。

【操作步骤】

① 在"开始"菜单的"搜索栏"中输入"磁盘"，在检索结果中单击"磁盘碎片整理程序"选项，即可打开"磁盘碎片整理程序"界面，如图 1-16 所示。

② 在"当前状态"下，选择要进行碎片整理的磁盘。单击"分析磁盘"按钮，确定是否需

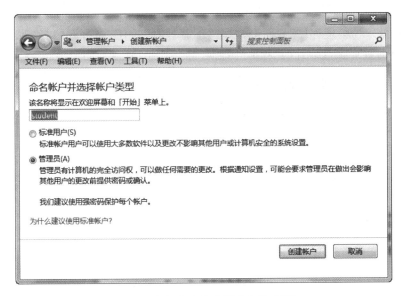

图 1-15 "命名账户并选择账户类型"窗口

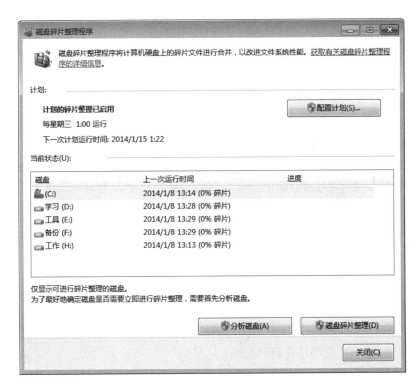

图 1-16 "磁盘碎片整理程序"界面

要对磁盘进行碎片整理。在 Windows 完成分析磁盘后,可以在"上一次运行时间"列中检查磁盘上碎片的百分比。如果数字高于 10%,则应该对磁盘进行碎片整理。

③ 单击"磁盘碎片整理"按钮,开始磁盘碎片整理。磁盘碎片整理程序可能需要几分钟到几小时才能完成,具体取决于硬盘碎片的大小和程度。在碎片整理过程中,仍然可以使用

计算机。

④ 在"磁盘碎片整理程序"界面中,单击"配置计划"按钮,在打开的"修改计划"界面中可设置系统自动整理磁盘碎片的"频率""日期""时间"和"磁盘",如图 1-17 所示。

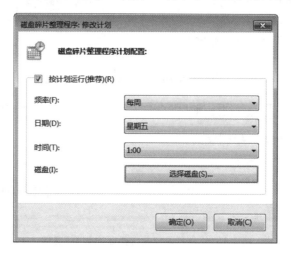

图 1-17 "修改计划"界面

6. 修改系统注册表

【操作要求】

通过修改注册表,在右键快捷菜单中添加"重启计算机"命令。

【操作步骤】

① 使用快捷键"Windows 徽标键"+R,打开"运行"对话框,在文本框中输入 regedit 命令,弹出"注册表编辑器"窗口。

② 在左侧窗格中依次展开 HKEY_CLASSES_ROOT\Directory\shell 子键,右击 shell 子键,在弹出的快捷菜单中选择"新建"→"项"命令,新建一个名为 restart 的项。

③ 单击新建的 restart 项,然后双击右侧窗格的"默认"键值项,打开"编辑字符串"对话框,设置"数值数据"为"重启计算机"。

④ 单击"确定"按钮,应用设置并关闭对话框,然后右击 restart 项,在弹出的快捷菜单中选择"新建"→"项"命令,新建一个名为 Command 的子项。

⑤ 双击右侧窗口的"默认"键值项,打开"编辑字符串"对话框,设置"数值数据"为 shutdown-r-f-t0。

⑥ 单击"确定"按钮,应用设置并关闭对话框。经过设置后,右击任意文件夹,此时会发现在快捷菜单中出现了"重启计算机"命令。

【操作要求】

修改注册表,自动关闭停止响应的应用程序。

【操作步骤】

① 打开"注册表编辑器"窗口,在左侧窗格中依次展开 HKEY_CURRENT_USER\Control Panel\Desktop 子键。

② 右击 Explorer 子键,在弹出的快捷菜单中选择"新建"→"字符串值"命令,新建一个名为 AutoEndTasks 键值项。

③ 双击 AutoEndTasks 键值项,打开"编辑字符串"对话框,设置"数值数据"为 1,然后单击"确定"按钮,应用设置并关闭对话框。

五、思考与实践

1. 屏幕保护程序的功能是什么?
2. 如何设置屏幕的分辨率与色彩?为何分辨率越高,显示的文字与图片会越小?
3. 什么是磁盘碎片?磁盘碎片产生的原因是什么?
4. Windows 操作系统中的"系统监视器"有什么作用?
5. 如何恢复注册表备份信息?

实验 3　Windows 7 连网设置

一、实验目的

- 掌握常用的网络命令的含义;
- 掌握常用网络命令的格式以及参数;
- 能够利用常用的网络命令初步判断网络故障。

二、实验准备

- 计算机机房必须配置网络环境;
- Windows 7 操作系统软件环境。

三、实验内容

(1) 使用 ipconfig 命令观察本地网络的基本设置。
(2) 使用 ping 命令检查网络连通性。
(3) 利用控制面板中的"网络连接"设置 IP 地址。
(4) 利用 nslookup 命令查看学校的 DNS 服务器地址。

四、实验步骤

1. 使用 ipconfig 命令观察本地网络的基本设置

命令格式:

ipconfig[/all][/batch file][/renew all][/release all][/renew n][/release n]

参数含义:

/?	显示帮助信息;
/all	显示本机 TCP/IP 配置的详细信息;
/release	释放某一个网络上的 IP 位置;
/renew	更新某一个网络上的 IP 位置;
/flushdns	把 DNS 解析器的暂存内容全数删除。

【操作要求】

通过 ipconfig/all 命令观察本地网络设置的各项参数信息,如 IP 地址、子网掩码、默认网关等。

【操作步骤】

① 用快捷键"Windows 徽标键"+R,打开"运行"对话框,在文本框中输入 cmd 命令,打开"命令提示符"窗口。

② 在"命令提示符"窗口的当前目录提示符下,输入 ipconfig/all 命令,如图 1-18 所示,观察本机 TCP/IP 配置的详细信息。

图 1-18 ipconfig/all 命令显示结果

当使用 all 选项时,ipConfig 能为 DNS 和 WINS 服务器显示它已配置且所要使用的附加信息(如 IP 地址等),并且显示内置于本地网卡中的物理地址(MAC)。如果 IP 地址是从 DHCP 服务器租用的,IPConfig 将显示 DHCP 服务器的 IP 地址和租用地址预计失效的日期(有关 DHCP 服务器的相关内容请详见其他有关 NT 服务器的书籍或询问本单位的网管)。

③ 在"命令提示符"窗口的当前目录下,输入 ipconfig 命令,如图 1-19 所示,使用 ipconfig 不带任何参数选项时,则显示每个已经配置了的接口的 IP 地址,子网掩码和默认网关。在实验过程中,记录本机的 IP 地址及网关,后续操作中会使用。

④ 如果输入 ipconfig /release 命令,那么所有接口的租用 IP 地址便重新交付给 DHCP 服务器(归还 IP 地址);如果输入 ipconfig /renew 命令,那么本地计算机设法与 DHCP 服务器取得联系,并租用一个 IP 地址。

图 1-19 ipconfig 命令显示结果

2. 使用 ping 命令检查网络连通性

命令格式：

ping IP 地址或主机名 [－t] [－a] [－n count] [－l size] 等。

常用参数含义：

-t   不停地向目标主机发送数据；

-a   以 IP 地址格式来显示目标主机的网络地址；

-ncount   指定要 ping 多少次，具体次数由 count 来指定；

-lsize   指定发送到目标主机的数据包的大小。

【操作要求】

使用 ping 命令，连接远程计算机地址或者本地局域网中的计算机地址，观察网络数据连通性。

【操作步骤】

① 打开"命令提示符"窗口。在当前目录提示符下，输入 ping 172.0.0.1，该命令可得到回送地址，目的是检查本地的 TCP/IP 协议是否设置好，如图 1-20 所示。

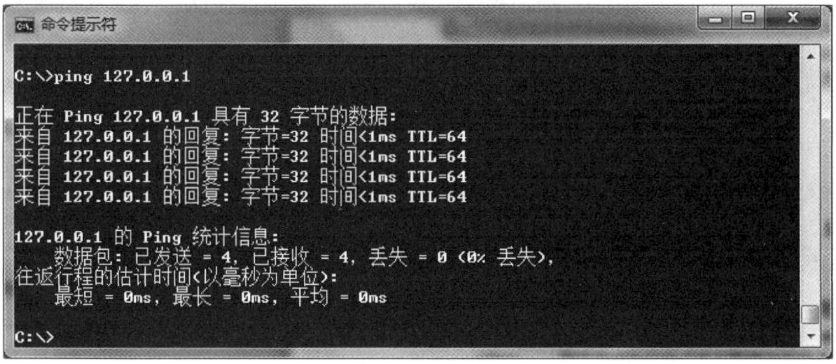

图 1-20 ping 172.0.0.1 命令显示结果

② 在"命令提示符"窗口中，输入"ping 本机 IP 地址"，检查本机的 IP 地址是否设置有误，如图 1-21 所示。

③ 在"命令提示符"窗口中，输入"ping 网关地址"，可以检查硬件设备是否有问题，也可以检查本机与本地网络连接是否正常，如图 1-22 所示。

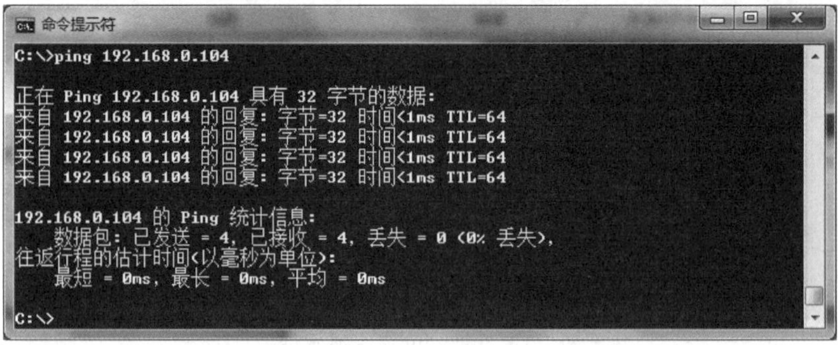

图 1-21 "ping 本机 IP 地址"命令显示结果

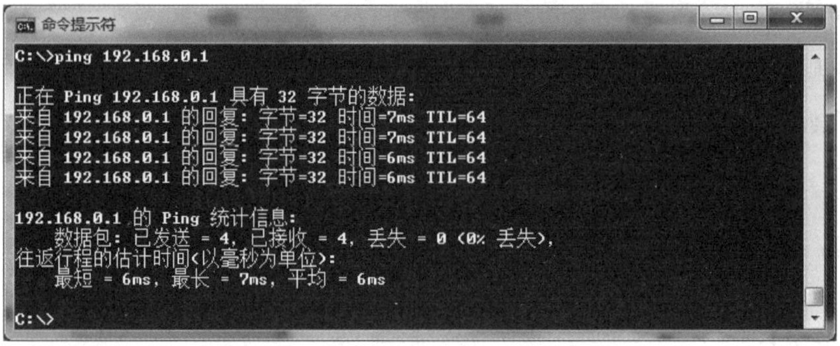

图 1-22 "ping 网关地址"命令显示结果

④ 在"命令提示符"窗口中,输入"ping 其他远程计算机 IP 地址",可以检查本机与本地网络中其他计算机的连接是否正常,如图 1-23 所示。如果显示"无法访问目标主机",则表示本机与目标主机之间的网络不连通。

图 1-23 "ping 其他远程计算机 IP 地址"命令显示结果

3. 利用控制面板中的"网络连接"设置 IP 地址

【操作要求】

在局域网中,配置实验机房中本地计算机的 IP 地址。

【操作步骤】

① 打开"控制面板",选择"网络与 Internet"选项,打开"网络和共享中心"窗口,如图 1-24 所示。

图 1-24 "网络和共享中心"窗口

② 在"网络和共享中心"窗口中,单击左侧"更改适配器设置"超链接,打开"网络连接"窗口,如图 1-25 所示。

图 1-25 "网络连接"窗口

③ 在"网络连接"窗口中,右击"本地连接"图标,并选择"属性"命令,打开"本地连接 属性"窗口,如图 1-26 所示。

④ 双击"Internet 协议版本 4(TCP/IPv4)"链接,打开"Internet 协议版本 4(TCP/IPv4)

图 1-26 "本地连接 属性"窗口

属性"窗口,如图 1-27 所示。

图 1-27 "Internet 协议版本 4(TCP/IPv4)属性"窗口

⑤ 在"Internet 协议版本 4(TCP/IPv4)属性"窗口中,可以选择"自动获得 IP 地址"或者"使用下面的 IP 地址"。如果选择后者,则需要手动输入一个分配好的 IP 地址。例如,IP 地址为 192.168.0.4,子网掩码为 255.255.255.0,默认网关为 192.168.0.1。首选 DNS 服务器和备用 DNS 服务器可以使用学校的 DNS 服务器地址。

⑥ 设置完成后,单击"确定"按钮,在"本地连接 属性"窗口中,单击"确定"保存设置。

4. 利用 nslookup 命令查看学校的 DNS 服务器地址

【操作要求】

使用 nslookup 命令查看 www.nau.edu.cn 的 DNS 服务器对应的 IP 地址。

【操作步骤】

打开"命令提示符"窗口。在当前目录提示符下，输入 nslookup www.nau.edu.cn，命令运行结果如图 1 28 所示。

图 1-28　nalookup 命令显示结果

五、思考与实践

1. IP 地址的特点是什么？

2. 如何配置一台计算机的 IP 地址？

3. 什么是子网掩码？子网掩码的作用是什么？

4. 如何查看 www.baidu.com 网站的 DNS 服务器地址？

实验作业 1　Windows 7 的操作与使用

一、实验作业目的

综合运用已学过的知识和技能，在 Windows 7 中按要求进行操作。

二、实验作业准备

- 下载实验素材"实验作业 1"并解压缩至 D 盘；
- 启动 Windows 资源管理器。

三、实验作业任务

（1）打开"实验作业 1"中的 ks_win 文件夹，进行文件与文件夹操作。

① 在 ks_answer 文件夹中创建一个名为 chkd 的文本文件，文件内容为"Windows is a popular operating system for PC!"。

② 将 sub2 文件夹中（不包含子文件夹）首字母为 b 的所有文件移动到 sub4 文件夹中。

③ 将 sub3 文件夹中名为 test2.bat 的文件改名为 mytest.bat。

④ 将 sub1 文件夹中扩展名为 exe 的所有文件的属性设置为只读。

⑤ 在 ks_answer 文件夹中建立一个 sub4 文件夹的快捷方式,快捷方式的名称为 sdzq。

⑥ 在 D 盘 ks_win 文件夹下搜索所有扩展名为 txt 的文件,并将它们复制到 temp 文件夹中。

(2) 启动"记事本"程序,输入曹操的"短歌行",内容与形式如图 1-29 所示,要求正确输入标点符号,并以 myfile1.txt 为文件名保存在"实验作业 1"文件夹中。

短歌行

对酒当歌,人生几何!譬如朝露,去日苦多。慨当以慷,忧思难忘。

何以解忧?唯有杜康。青青子衿,悠悠我心。但为君故,沉吟至今。

呦呦鹿鸣,食野之苹。我有嘉宾,鼓瑟吹笙。明明如月,何时可掇?

忧从中来,不可断绝。越陌度阡,枉用相存。契阔谈宴,心念旧恩。

月明星稀,乌鹊南飞。绕树三匝,何枝可依?山不厌高,海不厌深。

周公吐哺,天下归心。

图 1-29　短歌行的内容和形式

(3) 设置屏幕分辨率为 1024×768 像素、屏幕背景为"自然"方案、屏幕保护程序为"三维文字"。

(4) 设置任务栏为自动隐藏。

(5) 设置 Windows 7 操作系统中所有文件的扩展名可见。

(6) 分别按大图标、列表、详细信息和平铺方式对 Windows 主目录进行显示,观察 4 种浏览显示方式的区别。

第 2 单元 文字处理软件 Word 2010

实验 4 论文的编辑排版

一、实验目的

- 掌握英文文本的拼写与语法检查的方法；
- 掌握页面和页眉页脚的设置方法；
- 掌握文字和段落的排版；
- 掌握数学公式的编辑；
- 掌握绘制图形的方法。

二、实验准备

- 复习《大学计算机基础教程》中第 5.1～5.4 节和 5.6 节相关内容；
- 下载实验素材"实验 4"并解压缩至 D 盘；
- 启动 Word 2010 应用程序，打开"实验 4"素材中的"论文.docx"文件。

三、实验内容

参照"实验 4"素材中的"论文范文.pdf"，如图 2-1 所示，编辑排版"论文.docx"。

四、实验步骤

1. 英文文本的校对

【操作要求】

检查文章的英文论文标题、作者、单位、摘要和关键词的错误。

【操作步骤】

① 按住鼠标左键，拖动鼠标选择英文论文标题、作者、单位、摘要和关键词。

② 在"审阅"选项卡上的"校对"组中，单击"拼写和语法"按钮，打开"拼写和语法"对话框，如图 2-2 所示，单击"忽略一次"按钮不予更改，继续检查下面的内容；单击"自动更正"按钮将更正拼写错误的单词。

审计学报
Audit Journal

基于数据流挖掘的持续审计模型研究

陈瑞

（审计大学　南京　210000）

摘要：本文提出的一种基于数据流挖掘的持续审计模型，克服了传统持续审计模型对审计端的存储能力要求高、占用大量硬件资源、联机分析时间长、对异常数据的发现滞后等缺点。

关键词：　数据流挖掘；　持续审计；审计模型

Research on Continuous Audit Model Based on Data Stream Mining

Chen Rui-gu

（Audit University　Nanjing　210000）

Abstract: In this paper, based on data stream mining，one continues audit model is proposed，which overcomes the disadvantages of huge storage capacity requirements，long-time online analysis and the delayed finding of abnormal data.

Key words: data stream mining; continuous audit; auditing model

1.　引言

网络入侵检测、股市分析、传感器网络等实时监控领域需要对大量的动态数据进行实时的、连续的数据收集与分析。由于连续到达数据的多样性、快速性、时变性等特点，形成了难以预测的无界数据流。

近几年来，数据流挖掘已成为数据挖掘研究领域一个重要分支。另外，随着信息化程度的提高，越来越多的行业会产生数据流，因此，数据流挖掘的应用范围也在不断扩大。持续审计中需要审计实时、动态的数据流，构建基于数据流挖掘的持续审计模型是本研究的创新。

2.　数据流挖掘算法

目前，数据流挖掘的研究热点主要集中于数据流的聚类、分类、和离群点检测等方面。

2.1 数据流聚类算法

聚类(Clustering) 是指对于一个已给的数据对象集合，将其中相似的对象划分为一个或多个组(称为“簇”, Cluster) 的过程[1]。同一个簇中的元素彼此相似，而与其他簇中的元素相异。与传统数据的聚类算法不同，数据流聚类算法是在一个相对较小的内存空间里，对数据流进行一遍扫描后就可以把数据集划分为一个个簇集(cluster) 。

2.2　数据流分类算法

VFDT[2]及 CVFD[3]T 是两种具有代表性的数据流分类算法。

VFDT(very fast decision tree) 是一种基于 Hoeffding 不等式建立决策树的方法，分类器的性能可以渐近于传统算法生成的分类器，差异的界由 Hoeffding bound 决定：对于一个范围是 R 的随机变量 r，假设存在 n 个样本点，样本均值为 $\bar{r}$。Hoeffding bound 指 r 的真实期望是 $\Pr[E^i r^i \geq \bar{r} - \varepsilon] = 1 - \delta$，其中 $\varepsilon = \sqrt{R^2 \ln(1/\delta)/(2n)}$。该算法通过不断地将叶节点替换为决策节点生成决策树，其中每个叶节点都保存有关于属性值的统计信息。

引入概念漂移的思想，Hulten 等人在 VFDT 的基础上提出了改进算法 CVFDT，每当有新样本到达时，就把 VFDT 应用到滑动窗口上。滑动窗口(Sliding Window)模型基于这样一个事实，即“用户对于最近的数据更感兴趣”。滑动窗口可以对少量的近期数据作细节分析，而对大量的历史数据仅给出一个概要视图，这样就只需存储小的数据窗口，从而减少了对内存的需求。

2.3　数据流离群点检测算法

第 1 页 共 2 页

收稿日期：2013-03-05

目前，数据流离群点检测已成为国内外研究者的关注热点。各种算法涌现：在时间序列中挖掘离群点的有效算法、适合大样本、静态时间序列的基于频谱的离群点检测算法 SODA、应用支撑向量机方法于时序离群点挖掘算法等等。

文献[4]则从聚类的角度研究离群点检测。首先将数据流划分成块，然后使用 k 均值将块聚集成固定数量的簇。不同于数据流聚类中只保留摘要信息的做法，该方法同时保留候选离群点和每个簇的均值，供后续的固定大小的数据流块使用，以确保检测到的候选离群点是真正的异常值。

3.　基于数据流挖掘的持续审计模型

银行、证券等金融行业的被审计端，每天产生的数据十分巨大，所以可以视为数据流，它具备不停产生、动态变化等特点。对审计端来说，没有必要存储全部的被审计数据，只需实时监控，存储可疑的异常数据，为审计实务提供审计线索。本文提出一种基于数据流挖掘的持续审计模型，如图 1 所示。在基于数据流挖掘的持续审计模型中，可综合使用聚类、分类和离群点检测技术，目的在于检测数据流的异常变化，及时发现可疑数据，并把这些数据存储到审计线索数据库，还可设置报警器，及时通知审计人员根据专业知识判断审计意义的异常点。

分类技术
聚类分析
离群点检测
被审单位 1 采集数据
数据流
数据流挖掘服务器
审计线索数据库
被审单位 n 采集数据
防火墙

图 1 基于数据流挖掘的持续审计模型

4.　结束语

持续审计是依托于信息技术发展的审计方法创新，持续审计的发展依赖于信息技术的发展，数据流挖掘则为分析持续审计中产生的海量数据提供了一种新方法。本文在对数据流挖掘算法的综述的基础上，分析了在持续审计中应用数据流挖掘的可行性，并提出一种基于数据流挖掘的持续审计模型，拓展了数据流挖掘的应用领域，也为审计实践中开展持续审计提供了一种新思路。

参考文献

[1]Han Jiawei，Kamber M.　Data mining: concepts and techniques[M].　2nd ed.　San Francisco: Morgan Kaufmann Publishers，2006.
[2] Pedro D，Geoff H，Mining high-speed data streams [C].　Proc of the 6th ACM SIGKDD International Conference on Knowledge Discovery and Data Mining.　New York: ACM，2000: 71 80.
[3] Hulten G，Spencer L，Domingos P.　Mining time changing data streams [C].　Proc.　of the ACM Int′l Conf on Knowledge Discovery and Data Mining.　New York: ACM，2001: 97 106.
[4] Elahi M，Li Kun，Nisar W，et al.　Efficient clusteringbased outlier detection algorithm for dynamic data stream [C].　Proc.　of the 2008 Fifth International Conference on Fuzzy Systems and Knowledge Discovery.　Los Alamitos: IEEE，　2008: 298 304.
[5] 陈伟，张金城.　计算机辅助审计原理及应用 [M].　北京: 清华大学出版社，　2008.

第 2 页 共 2 页

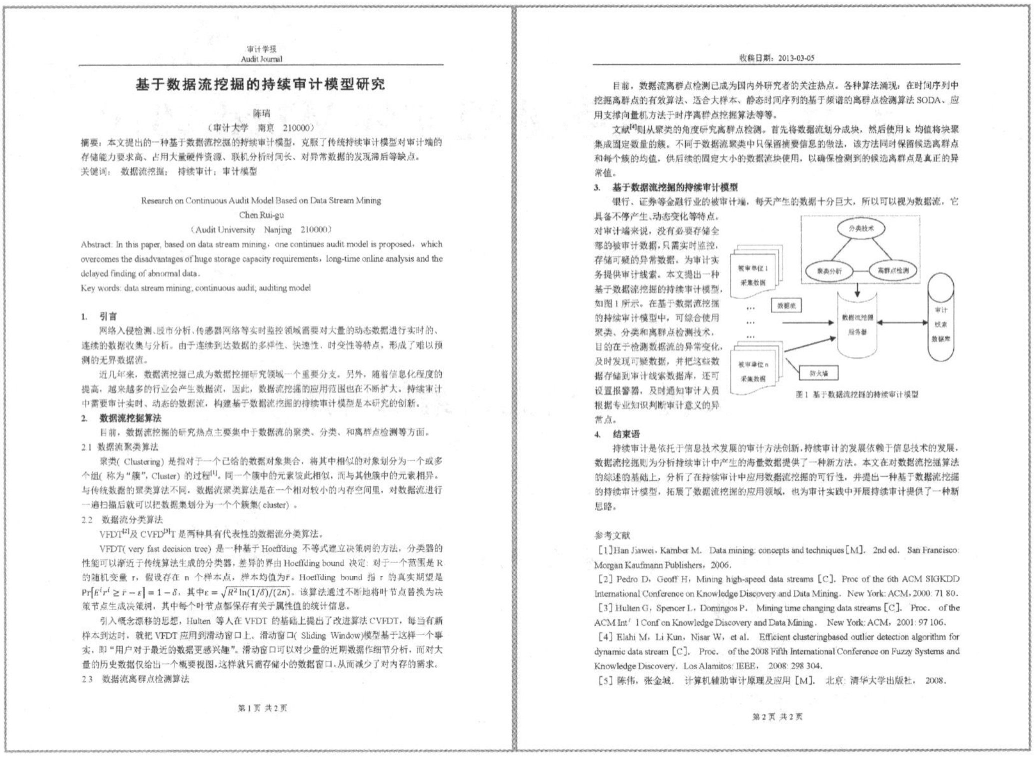

图 2-1　论文范文

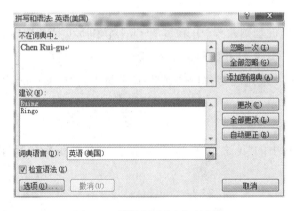

图 2-2　“拼写和语法”对话框

2. 页面设置

【操作要求】

将论文的页面纸张大小设置为 A4，每页行数为 43，每行字数为 41，上、下页边距为 2.5cm，左、右页边距为 3.1cm。

【操作步骤】

① 在“页面布局”选项卡上的“页面设置”组中，单击右下角“页面设置”按钮，打开“页面设置”对话框。

② 在"纸张"选项卡中,"纸张大小"设置为 A4。

③ 在"页边距"选项卡中,按"操作要求"设置上、下、左、右页边距。

④ 在"文档网格"选项卡中,"网格"项设置为"指定行和字符网格","字符数"每行 41,"行数"每页 43,如图 2-3 所示,单击"确定"按钮。

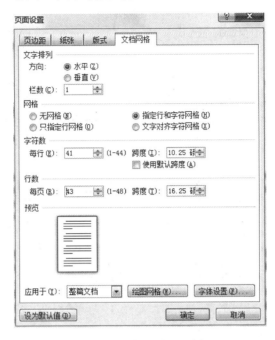

图 2-3 "文档网格"选项卡

注意:"页面设置"对话框中每个选项卡的"应用于"下拉列表框均选择"整篇文档"选项。

3. 文字、段落格式设置

1) 字体设置

【操作要求】

设置中文标题"基于数据流挖掘的持续审计模型研究",字体为黑体、加粗、小三号字、字符缩放 110%、字符间距加宽 1 磅;设置各小标题("1.引言、……、4.结束语"和"参考文献")加粗;如图 2-4 所示,在方框标识的相应位置设置上标"[1]、[2]、[3]、[4]"。

【操作步骤】

① 按住鼠标左键,拖动鼠标选择中文标题,在"开始"选项卡上的"字体"组中单击右下角"字体按钮" ,打开"字体"对话框,在"字体"选项卡中,设置"中文字体"为黑体、"字形"为加粗、"字号"为小三。在"高级"选项卡中,按"操作要求"设置缩放和间距,如图 2-5 所示。

② 选择各小标题,在"开始"选项卡上的"字体"组中,单击按钮 **B** 使其加粗。

③ 将插入点光标移到需加上标"[1]"的"程"字后面,输入"[1]",然后选中"[1]",在"开始"选项卡上的"字体"组中单击右下角"字体按钮" ,打开"字体"对话框,在"字体"选项卡中设置"效果"项为"上标"(前面打勾)。以同样的方法设置上标"[2]""[3]""[4]"。

2.1 数据流聚类算法
聚类(Clustering) 是指对于一个已给的数据对象集合,将其中相似的对象划分为一个或多个组(称为"簇",Cluster) 的过程[1]。同一个簇中的元素彼此相似,而与其他簇中的元素相异。与传统数据的聚类算法不同,数据流聚类算法是在一个相对较小的内存空间里,对数据流进行一遍扫描后就可以把数据集划分为一个个簇集(cluster) 。
2.2 数据流分类算法
VFDT[2]及 CVFD[3]T 是两种具有代表性的数据流分类算法。
···
···
···
2.3 数据流离群点检测算法
目前,数据流离群点检测已成为国内外研究者的关注热点。各种算法涌现:在时间序列中挖掘离群点的有效算法、适合大样本、静态时间序列的基于频谱的离群点检测算法 SODA、应用支撑向量机方法于时序离群点挖掘算法等等。
文献[4]则从聚类的角度研究离群点检测。首先将数据流划分成块,然后使用 k 均值将块聚集

图 2-4 上标位置设置

图 2-5 "字体"对话框的"高级"选项卡

2) 段落设置

【操作要求】

设置中英文标题、作者和工作单位居中;设置中文标题段后留空 0.5 行;设置文章正文各段落(不包括各种标题)首行缩进 2 字符。

【操作步骤】

① 按住鼠标左键,拖动鼠标选择中文标题,在"开始"选项卡上的"段落"组中单击右下角"段落"按钮 ⬛,打开"段落"对话框,设置"对齐方式"为居中,"段后"设置为 0.5 行,如图 2-6 所示。选中其他需居中的段落,单击"段落"组中的"居中"按钮 ≡ 使其居中。

② 选择"引言"的两个段落,打开"段落"对话框,设置"特殊格式"为首行缩进,设置"磅值"为 2 字符,以同样的方法设置其余各段落。

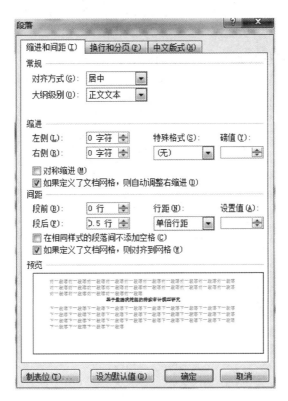

图 2-6　"段落"对话框

4. 公式的插入与编辑

【操作要求】

如图 2-7 所示,在方框标识的相应位置插入并编辑公式。

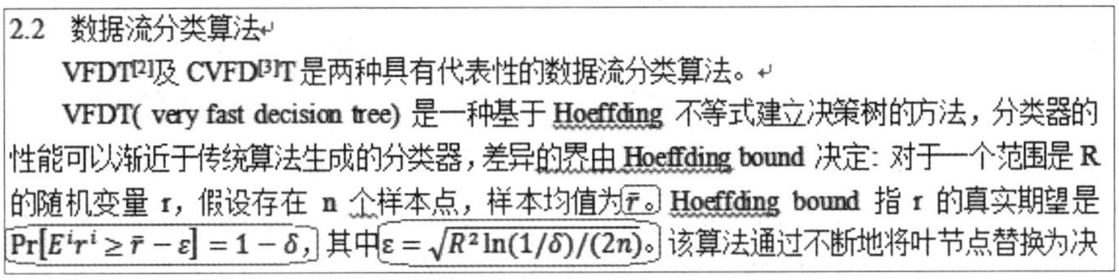

2.2　数据流分类算法

VFDT[2]及 CVFD[3]T 是两种具有代表性的数据流分类算法。

VFDT(very fast decision tree) 是一种基于 Hoeffding 不等式建立决策树的方法,分类器的性能可以渐近于传统算法生成的分类器,差异的界由 Hoeffding bound 决定: 对于一个范围是 R 的随机变量 r,假设存在 n 个样本点,样本均值为 $\bar{r}$。Hoeffding bound 指 r 的真实期望是 $\Pr[E^i r^i \geq \bar{r} - \varepsilon] = 1 - \delta$,其中 $\varepsilon = \sqrt{R^2 \ln(1/\delta)/(2n)}$。该算法通过不断地将叶节点替换为决

图 2-7　公式位置

【操作步骤】

① 将插入点光标移到需插入公式的"为"字后面,在"插入"选项卡上的"符号"组中单击"公式"按钮 π,在 Word 窗口自动增加一个"公式工具"功能区,同时在文档中创建一个空白公式框架。

② 如图 2-7 所示,在"设计"选项卡上的"结构"组中单击"导数符号"按钮,在下拉列表中选择"横杠"选项,在公式框架中输入公式"$\bar{r}$"。

③ 公式编辑完成后,单击公式框架以外的任何位置,即可返回文档。

④ 以同样的方法,在相应位置输入另外两个公式。

5. 绘制插图

【操作要求】

在文章的相应位置绘制如图 2-8 所示的插图。

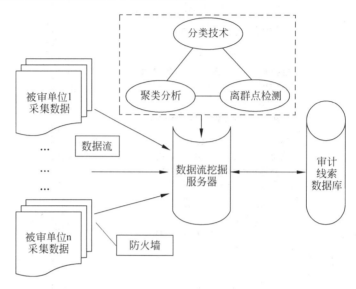

图 2-8　插图

【操作步骤】

① 打开"实验 4"素材中的"插图.docx"文件。

② 右击图形"被审单位 1 采集数据",选择"复制"命令,复制该图形,并将其中文字改为"被审单位 n 采集数据",参照图 2-8 调整该图形的位置。

③ 在"插入"选项卡上的"插图"组中单击"形状"按钮,在下拉列表中选择"流程图"→"库存数据"选项 ,在文档中绘制图形。在"绘图工具"功能区的"格式"选项卡上的"形状样式"组中,如图 2-9 所示,在"外观样式"列表中选择"彩色轮廓-黑色,深色 1"样式,"形状轮廓"下拉列表中选择"粗细"→"0.25 磅"选项。右击该图形选择"添加文字"命令,输入"数据流挖掘服务器",设置其字体大小为六号。在"绘图工具"功能区的"格式"选项卡上的"排列"组中单击"旋转"按钮,在下拉列表中选择"向左旋转 90°"选项;在"文本"组中单击"文字方向"按钮,在下拉列表中选择"将所有文字旋转 90°"选项。在"绘图工具"功能区的"格式"选项卡上的"大小"组中设置形状高度和宽度分别为 45 磅和 75 磅,按图 2-8 调整该图形的位置。

图 2-9　"外观样式"列表

④ 在"插入"选项卡上的"文本"组中单击"文本框"按钮,在下拉列表中选择"绘制文本框"选项,在文档中绘制一个文本框,文本框中输入"… … …"(输入前两个"…"后分别按下回车键)。在"绘图工具"功能区的"格式"选项卡上的"形状样式"组中,在"形状轮廓"下拉列表中选择"无轮廓"选项,在"形状填充"下拉列表中选择"无填充颜色"选项,参照图 2-8 调整

该文本框的位置。

⑤ 按住 Shift 键，单击鼠标，选中"插图.docx"文档中原有组合图形和步骤②～④插入的图形，在"绘图工具"功能区的"格式"选项卡上的"排列"组中单击"组合"按钮，在下拉列表中选择"组合"选项，将所有图形进行组合。

⑥ 将"插图.docx"文档的组合后的图形复制到"论文.docx"文档中适当位置。右击组合图形，在弹出的快捷菜单中选择"其他布局选项"命令，设置"文字环绕"选项卡中的"环绕方式"为四周型，如图 2-10 所示；"位置"选项卡中的水平对齐方式为右对齐，如图 2-11 所示。

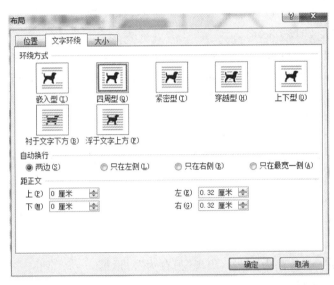

图 2-10 "布局"对话框"文字环绕"选项卡

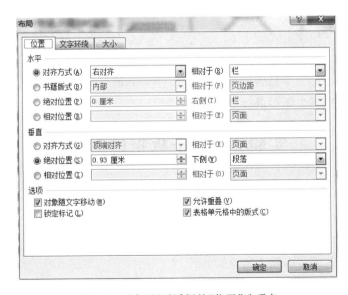

图 2-11 "布局"对话框的"位置"选项卡

6. 设置页眉页脚

【操作要求】

设置奇数页眉为"审计学报 Audit Journal"（汉字与英文各占一行），偶数页眉为"收稿日期：2013-03-05"；设置页脚为"第 X 页共 Y 页"形式，所有页面页脚均居中显示。

【操作步骤】

① 在"插入"选项卡上的"页眉和页脚"组中单击"页眉"按钮，在下拉列表中选择"编辑页眉"选项，进入"页眉和页脚"编辑状态。

② 在"页眉和页脚工具"功能区的"设计"选项卡上的"选项"组中选中"奇偶页不同"复选框。"奇数页页眉"输入"审计学报"，按 Enter 键，继续输入"Audit Journal"，"偶数页页眉"输入"收稿日期：2013-03-05"。

③ 将插入点光标移到"奇数页页脚"，输入文字"第"，在"页眉和页脚工具"功能区的"设计"选项卡上的"插入"组中单击"文档部件"按钮的下拉箭头，在下拉列表中选择"域"命令，打开"域"对话框，"域名"列表中选择"Page"选项，单击"确定"按钮，页脚继续输入文字"页共"，再打开"域"对话框，"域名"列表中选择"NumPages"选项，单击"确定"按钮，页脚继续输入文字"页"；将"奇数页页脚"内容复制到"偶数页页脚"处，分别设置奇偶数页脚居中显示。在"关闭"组中单击"关闭页眉和页脚"按钮，退出页面页脚编辑状态返回到文档。

7. 保存 Word 文档

【操作要求】

将编辑好的论文另存为"我的论文.docx"。

【操作步骤】

① 单击"文件"→"另存为"命令，出现"另存为"对话框。

② 在"文件名"文本框中输入"我的论文"，"保存类型"为"Word 文档（*.docx）"，单击"保存"按钮。

五、思考与实践

（1）页面设置与版面的编排是否有先后，为什么？

（2）页眉页脚中的文字是否可以设置字体、字号和颜色？

（3）为什么要对多个图形进行"组合"？

实验 5　电子板报的制作

一、实验目的

- 掌握自选图形的插入和设置；
- 掌握首字下沉、分栏、边框和底纹等特殊格式的设置；
- 掌握图片、艺术字的插入和设置；
- 掌握文本框的插入和编辑；
- 掌握表格的创建和编辑。

二、实验准备

- 复习《大学计算机基础教程》中第 5.3～5.5 节相关内容;
- 下载实验素材"实验 5"并解压缩至 D 盘;
- 启动 Word 2010 应用程序,打开"实验 5"素材中的"保护地球.docx"文件。

三、实验内容

参照"实验 5"素材中的"电子板报范文.jpg",如图 2-12 所示,编辑排版"保护地球.docx"。

四、实验步骤

1. 形状的使用

【操作要求】

在相应位置插入"前凸带形"形状,形状填充为"水绿色,强调文字颜色 5,淡色 40％",形状轮廓为 1.5 磅"橙色,强调文字颜色 6,深色 25％"边框,在其中添加文字"保护地球",字体格式为隶书、二号、加粗、深蓝色;在相应位置插入两条 1.5 磅的"橙色,强调文字颜色 6,深色 25％"直线;在相应位置插入"云形标注"形状,形状填充为"无填充颜色",形状轮廓为 2.25 磅深红"圆点"虚线边框,在其中添加文字"全球十大环境污染事件",字体格式为华文彩云、三号、加粗、红色。

【操作步骤】

① 在"插入"选项卡上的"插图"组中单击"形状"按钮,在下拉列表中选择"星与旗帜"→"前凸带形"选项,在文档中适当位置绘制图形。右击该形状,选择"添加文字"命令,输入"保护地球",按"操作要求"设置其字体。在"绘图工具"功能区的"格式"选项卡上的"形状样式"组中按"操作要求"设置形状填充和形状轮廓。

② 在"插入"选项卡上的"插图"组中单击"形状"按钮,在下拉列表中选择"线条"→"直线"选项,绘制两条直线。在"绘图工具"功能区的"格式"选项卡上的"形状样式"组中按"操作要求"设置线条颜色和粗细,参考范文适当调整长度。

③ 在"插入"选项卡上的"插图"组中单击"形状"按钮,在下拉列表中选择"标注"→"云形标注"选项,在文档中适当位置绘制图形。图形中输入"全球十大环境污染事件",按"操作要求"设置其字体。在"绘图工具"功能区的"格式"选项卡上的"形状样式"组中按"操作要求"设置形状填充和形状轮廓。

2. 插入编辑文本框

【操作要求】

在相应位置插入两个无边框无填充颜色横排文本框,分别输入文字"A1 版"(字体格式为幼圆、二号、加粗)和"2012 年 3 月 6 日"(字体格式为幼圆、五号、加粗);在相应位置插入 1 个竖排文本框,填充黄色,3 磅蓝色"方点"虚线边框,"四周型"环绕方式,其中输入文字"地球的形成",字体格式为楷体、三号、加粗、红色。

【操作步骤】

① 在"插入"选项卡上的"文本"组中单击"文本框"按钮,在下拉列表中选择"绘制文本

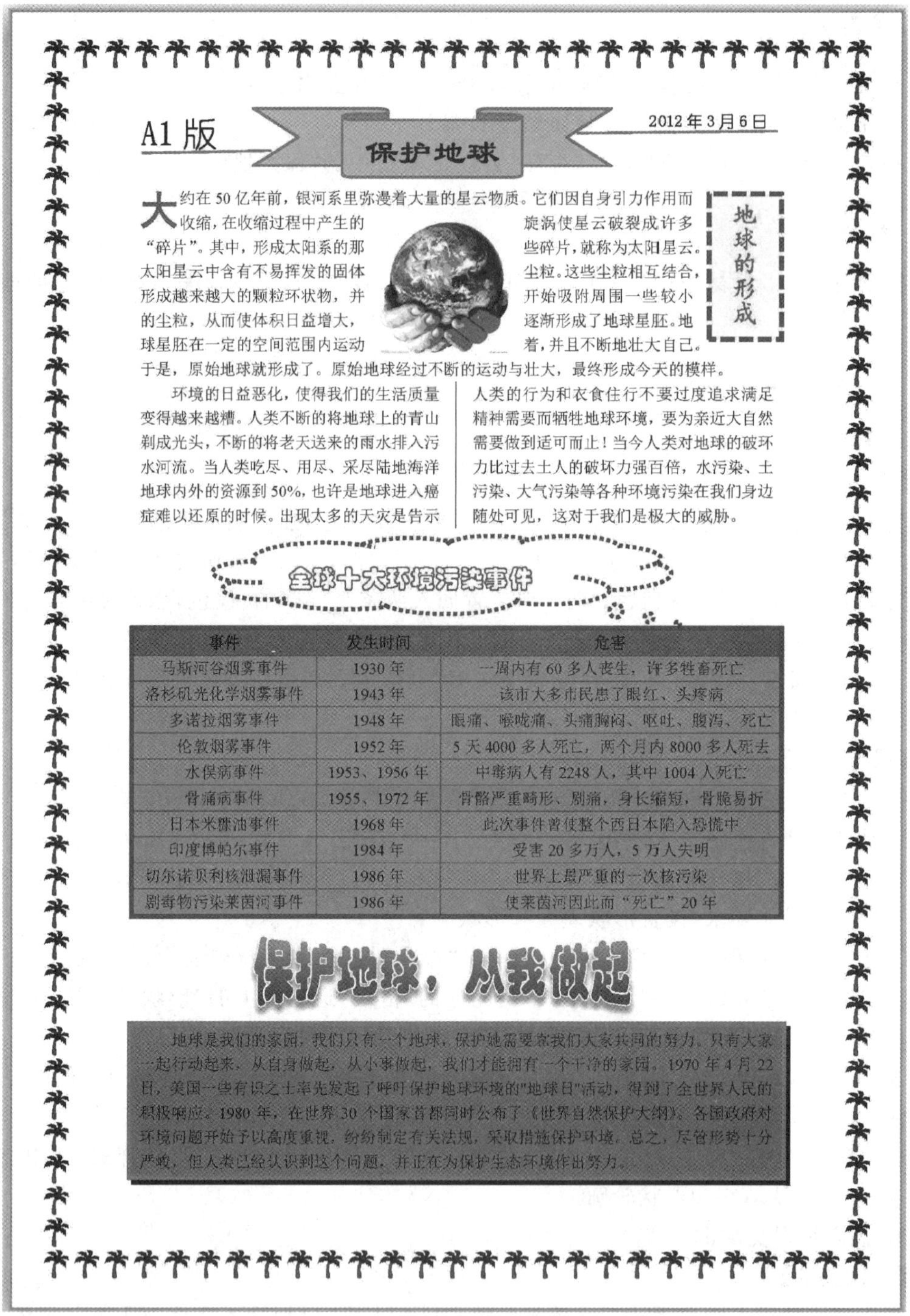

A1 版

保护地球

2012 年 3 月 6 日

地球的形成

大约在 50 亿年前，银河系里弥漫着大量的星云物质。它们因自身引力作用而收缩，在收缩过程中产生的旋涡使星云破裂成许多"碎片"。其中，形成太阳系的那些碎片，就称为太阳星云。太阳星云中含有不易挥发的固体尘粒。这些尘粒相互结合，形成越来越大的颗粒环状物，并开始吸附周围一些较小的尘粒，从而使体积日益增大，逐渐形成了地球星胚。地球星胚在一定的空间范围内运动着，并且不断地壮大自己。于是，原始地球就形成了。原始地球经过不断的运动与壮大，最终形成今天的模样。

环境的日益恶化，使得我们的生活质量变得越来越糟。人类不断的将地球上的青山剃成光头，不断的将老天送来的雨水排入污水河流。当人类吃尽、用尽、采尽陆地海洋地球内外的资源到 50%，也许是地球进入癌症难以还原的时候。出现太多的天灾是告示人类的行为和衣食住行不要过度追求满足精神需要而牺牲地球环境，要为亲近大自然需要做到适可而止！当今人类对地球的破坏力比过去土人的破坏力强百倍，水污染、土污染、大气污染等各种环境污染在我们身边随处可见，这对于我们是极大的威胁。

全球十大环境污染事件

事件	发生时间	危害
马斯河谷烟雾事件	1930 年	一周内有 60 多人丧生，许多牲畜死亡
洛杉矶光化学烟雾事件	1943 年	该市大多市民患了眼红、头疼病
多诺拉烟雾事件	1948 年	眼痛、喉咙痛、头痛胸闷、呕吐、腹泻、死亡
伦敦烟雾事件	1952 年	5 天 4000 多人死亡，两个月内 8000 多人死去
水俣病事件	1953、1956 年	中毒病人有 2248 人，其中 1004 人死亡
骨痛病事件	1955、1972 年	骨骼严重畸形、剧痛，身长缩短，骨脆易折
日本米糠油事件	1968 年	此次事件曾使整个西日本陷入恐慌中
印度博帕尔事件	1984 年	受害 20 多万人，5 万人失明
切尔诺贝利核泄漏事件	1986 年	世界上最严重的一次核污染
剧毒物污染莱茵河事件	1986 年	使莱茵河因此而"死亡"20 年

保护地球，从我做起

地球是我们的家园，我们只有一个地球，保护她需要靠我们大家共同的努力。只有大家一起行动起来，从自身做起，从小事做起，我们才能拥有一个干净的家园。1970 年 4 月 22 日，美国一些有识之士率先发起了呼吁保护地球环境的"地球日"活动，得到了全世界人民的积极响应。1980 年，在世界 30 个国家首都同时公布了《世界自然保护大纲》。各国政府对环境问题开始予以高度重视，纷纷制定有关法规，采取措施保护环境。总之，尽管形势十分严峻，但人类已经认识到这个问题，并正在为保护生态环境作出努力。

图 2-12　电子板报范文

框"选项，绘制文本框，输入文字"A1 版"，按"操作要求"设置字体。在"绘图工具"功能区的"格式"选项卡上的"形状样式"组中按"操作要求"设置"形状轮廓"为"无轮廓"。

② 按步骤①的方法插入编辑"2012 年 3 月 6 日"文本框。

③ 在"插入"选项卡上的"文本"组中单击"文本框"按钮,在下拉列表中选择"绘制竖排文本框"选项,绘制竖排文本框,输入文字"地球的形成",按"操作要求"设置字体。在"绘图工具"功能区的"格式"选项卡上的"形状样式"组中按"操作要求"设置填充颜色和环绕方式以及轮廓颜色、虚实、粗细。

3. 设置首字下沉和分栏

【操作要求】

设置正文第一段首字下沉 2 行,字体格式为黑体、加粗、红色;将正文第二段分成两栏,栏宽相等,加分隔线。

【操作步骤】

① 将插入点光标移到第一段的任意位置,在"插入"选项卡上的"文本"组中单击"首字下沉"按钮,在下拉列表中选择"首字下沉"选项,弹出"首字下沉"对话框,设置下沉行数为2,单击"确定"按钮。

② 选中下沉的首字,在"开始"选项卡上的"字体"组中设置字体格式为黑体、加粗、红色。

③ 选中第二段,在"页面布局"选项卡上的"页面设置"组中单击"分栏"按钮,在下拉列表中选择"更多分栏"选项,打开"分栏"对话框,按"操作要求"进行相应设置。

4. 插入图片和艺术字

【操作要求】

在第一段适当位置插入图片"bhdq.jpg",图片大小为 3cm×3cm,"四周型"环绕方式,"居中"对齐方式;在最后一段上方插入艺术字"保护地球,从我做起",采用第 4 行第 4 列样式,文本效果"转换"为"朝鲜鼓",设置艺术字为华文琥珀、28 号、加粗、居中对齐。

【操作步骤】

① 将插入点光标移到适当位置,在"插入"选项卡上的"插图"组中单击"图片"按钮,打开"插入图片"对话框,在"实验 5"素材中选择图片"bhdq.jpg"插入。右击该图片选择"大小和位置"命令,打开"布局"对话框,按"操作要求"设置图片大小、位置和文字环绕,如图 2-13 所示。

② 将插入点光标移到最后一段上方适当位置,在"插入"选项卡上的"文本"组中单击"艺术字"按钮,在下拉列表中选中第 4 行第 4 列样式,将出现在文档中的默认文字"请在此放置您的文字"替换成"保护地球,从我做起";在"开始"选项卡上的"字体"组中,设置字体为华文琥珀、字号为 28 号、加粗;在"绘图工具"功能区的"格式"选项卡上的"艺术字样式"组中,单击"文本效果"按钮,在下拉列表中选择"转换"→"弯曲"→"朝鲜鼓"选项。

5. 设置边框和底纹

【操作要求】

给最后一段加上 3 磅绿色阴影边框,并将其底纹填充为"白色,背景 1,深色 35%"和图案样式为"15%";为页面添加如范文所示的 20 磅艺术型边框。

【操作步骤】

① 选中最后一段,在"页面布局"选项卡上的"页面背景"组中单击"页面边框"按钮,打开"边框和底纹"对话框,按"操作要求"在"边框"和"底纹"选项卡中完成相应设置。

② 切换到"边框和底纹"对话框的"页面边框"选项卡,按"操作要求"完成相应设置,如

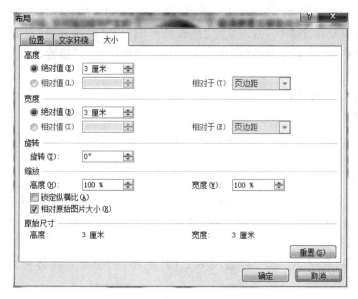

图 2-13 "布局"对话框

图 2-14 所示。

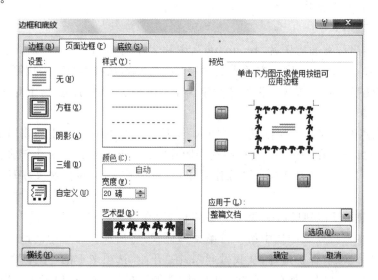

图 2-14 "边框和底纹"对话框的"页面边框"选项卡

6. 创建和编辑表格

【操作要求】

将"事件""发生时间""危害"3 列文本转换成 11 行 3 列的表格;设置表格中的所有文字居中,第一行文字加粗;设置表格外框为 3 磅蓝色,内框为 1 磅红色;设置表格第一行底纹为"白色,背景 1,深色 50%",其余行底纹为"紫色,强调文字颜色 4,淡色 40%"。

【操作步骤】

① 选中要转换成表格的文本,在"插入"选项卡上的"表格"组中单击"表格"按钮,在下拉列表中选择"文本转换成表格"选项,将其转换成表格。

② 选定表格中所有义字,在"开始"选项卡上的"段落"组中单击"居中"按钮;选中表格中第一行文字,单击"加粗"按钮。

③ 选中整个表格,在"表格工具"功能区的"设计"选项卡上的"绘图边框"组中按"操作要求"设置笔颜色和笔划粗细,再在"表格样式"组中分别为表格加上外框和内框。

④ 选中表格的第一行,在"表格工具"功能区的"设计"选项卡上的"表格样式"组中单击"底纹"按钮的下拉箭头,在下拉列表中选择"白色,背景1,深色50％"主题颜色;选中表格其余各行,设置底纹为"紫色,强调文字颜色4,淡色40％"主题颜色。

7. 保存文档

【操作要求】

将编辑好的文档另存为"我的电子板报.docx"。

【操作步骤】

① 单击"文件"→"另存为"命令,弹出"另存为"对话框。

② 在"文件名"文本框中输入"我的电子板报","保存类型"选择"Word 文档(＊.docx)",单击"保存"按钮。

五、思考与实践

(1) Word 文档中插入的图片能否改变大小,若能,如何改变?

(2) Word 中创建表格的方法有哪些?

(3) Word 中可以为哪些对象添加边框?

实验 6 Word 2010 的高级使用

一、实验目的

- 掌握模板的创建与使用;
- 掌握水印图片背景的应用;
- 掌握表格数据的排序与计算;
- 掌握邮件合并的应用。

二、实验准备

- 复习《大学计算机基础教程》中第 5.5～5.6 节相关内容;
- 下载实验素材"实验 6"并解压缩至 D 盘;
- 启动 Word 2010 应用程序。

三、实验内容

参考"实验 6"素材中的"成绩通知单范文.pdf",基于"空白文档"模板创建"通知函"模板,利用该模板制作成绩通知单主文档,通过邮件合并,生成学院所有同学的成绩通知单,如图 2-15 所示。

图 2-15　成绩通知单范文

四、实验步骤

1. 模板的创建

【操作要求】

基于"空白文档"模板,新建一个"通知函"模板,如图 2-16 所示,为模板添加页眉、设置水印图片背景、插入"单位和时间"文本框和单位印章。

图 2-16 "通知函"模板

【操作步骤】

① 执行"文件"→"新建"命令，打开"新建"面板。选择"可用模板"区中的"我的模板"选项，打开"新建"对话框，选择"个人模板"选项卡中的"空白文档"模板，在对话框右下方的"新建"选项中选择"模板"，单击"确定"按钮。

② 在"插入"选项卡上的"页眉和页脚"组中单击"页眉"按钮，在下拉列表中选择"编辑页眉"选项，进入页眉页脚编辑状态。页眉位置输入"审计大学"，按 Enter 键，继续输入 Audit University，页眉字体设置为四号、加粗。选中页眉文字，在"开始"选项卡上的"字体"组中单击 **A** 按钮，在下拉列表中选择第 1 行第 4 列的文本效果。

③ 在"页面布局"选项卡上的"页面背景"组中单击"水印"按钮，在下拉列表中选择"自定义水印"选项，打开"水印"对话框，单击"图片水印"单选按钮，选中"冲蚀"复选框，单击"选择图片"按钮，选择"实验6"素材中的图片 bg.jpg 插入，并设置80％缩放，如图 2-17 所示，单击"确定"按钮。

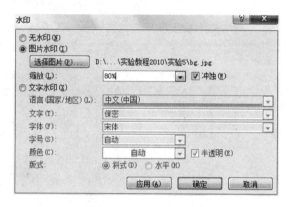

图 2-17　"水印"对话框

④ 在"插入"选项卡上的"插图"组中单击"形状"按钮，在下拉列表中选择"基本形状"→"椭圆"选项 ◯，按住 Shift 键，在文档适当位置绘制一个圆形。设置"形状填充"颜色为"无填充颜色"，"形状轮廓"设置为红色，线型设置为实线，粗细设置为 3 磅。

⑤ 在"插入"选项卡上的"插图"组中单击"形状"按钮，在下拉列表中选择"星与旗帜"→"五角星"选项 ☆，在步骤④绘制的圆中适当位置绘制大小适当的五角星，将五角星的轮廓与填充颜色均设置为红色。

⑥ 在适当位置插入 2 个无边框无填充的横排文本框。一个文本框输入文字"信息科学学院"，字体设置为楷体、28 号、加粗，设置文本框的"文本填充"和"文本轮廓"颜色均设置为红色，"文本效果"设置为"转换"→"跟随路径"→"上弯弧"；另一个文本框中输入两行文字，第 1 行文字是"信科院办公室"，第 2 行文字是"2011 年 7 月 20 日"，设置字体为楷体、小三、加粗、居中。适当调整两个文本框的位置与大小。

⑦ 按住 Shift 键分别单击圆形、五角星和两个文本框，在"绘图工具"功能区的"格式"选项卡上的"排列"组中，单击"组合"按钮将其组合。

⑧ 单击"快速访问工具栏"中的"保存"按钮，打开"另存为"对话框，在"文件名"文本框中输入"通知函"，"保存类型"为"Word 模板（＊.dotx）"，单击"保存"按钮即可（不要修改保存路径）。

2．模板的使用

【操作要求】

利用已创建的"通知函"模板新建一个 Word 文档"成绩单主文档.docx"，将"实验 6"素材中的 cjtzd.docx 文件的内容复制到该文档中，参照图 2-15 范文适当调整印章组合图形的位置。

【操作步骤】

① 执行"文件"→"新建"命令，打开"新建"面板。

② 选择"可用模板"区中的"我的模板"选项，打开"新建"对话框。

③ 选择"个人模板"选项卡中的"通知函"模板，在对话框右下方的"新建"选项中选择"文档"单选框，如图 2-18 所示，单击"确定"按钮即可。

④ 打开"实验 6"素材中的 cjtzd.docx 文件，将其中内容全选，然后复制、粘贴到新建文档中。

⑤ 单击"快速访问工具栏"中的"保存"按钮，"保存位置"为"实验 6"文件夹，在"文件名"文本框中输入"成绩单主文档"，"保存类型"为"Word 文档(＊.docx)"。

图 2-18　"新建"对话框

3．编辑数据源文档

【操作要求】

计算数据源文档"成绩单数据源.docx"中所有同学的"总分"，并将表格数据按"总分"降序排序。

【操作步骤】

① 打开"实验 6"素材中的"成绩单数据源.docx"文件。

② 将插入点光标移到第 2 行第 5 列上，在"表格工具"功能区的"布局"选项卡上的"数据"组中单击"公式"按钮，打开"公式"对话框，如图 2-19 所示，单击"确定"按钮即可。

③ 选中第 2 行第 5 列的总分公式，右击选择"复制"命令，分别在第 5 列的其余各行右击选择"粘贴"命令，然后右击选择"更新域"命令，即求得所有同学的总分。

④ 选中表格，单击"排序"按钮，打开"排序"对话框，如图 2-20 所示进行设置，单击"确定"按钮，则表格数据按"总分"降序排序。

文字处理软件 Word 2010

图 2-19 "公式"对话框

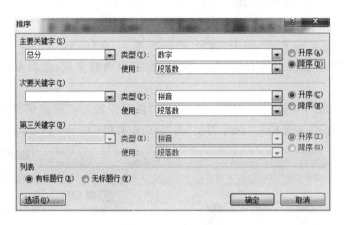

图 2-20 "排序"对话框

⑤ 单击"快速访问工具栏"中的"保存"按钮,即保存上述对数据源文档所做的修改。

4. 邮件合并

【操作要求】

将"成绩单主文档.docx"和"成绩单数据源.docx"进行邮件合并,生成所有同学的"成绩通知单"。

【操作步骤】

① 打开主文档"成绩单主文档.docx"。

② 在"邮件"选项卡上的"开始邮件合并"组中单击"开始邮件合并"按钮,在下拉列表中选择"邮件合并分步向导"选项,打开"邮件合并"任务窗格。

③ "选择文档类型"设置为"信函",单击"下一步:正在启动文档"按钮。

④ "选择开始文档"设置为"使用当前文档",单击"下一步:选取收件人"按钮。

⑤ 单击"使用现有列表"中的"浏览"按钮,打开"选取数据源"对话框,选取"实验6"素材中的数据源文档"成绩单数据源.docx",单击"打开"按钮,打开"邮件合并收件人"对话框,直接单击"确定"按钮。

⑥ 单击"下一步:撰写信函"按钮,选中"同学:"前的下画线,如图 2-21 所示,单击"撰写信函"中的"其他项目"按钮,打开"插入合并域"对话框,"插入"选项中选择"数据库域",在"域"列表中选择"姓名",单击"插入"按钮,单击"关闭"按钮,以同样的方法在相应位置上插入"高等数学""计算机基础""大学英语""总分"和"开学"前的下画线的合并域。

⑦ 单击"下一步:预览信函"按钮,观察合并效果。

⑧ 单击"下一步:完成合并"按钮,单击"编辑个人信函"按钮,打开"合并到新文档"对

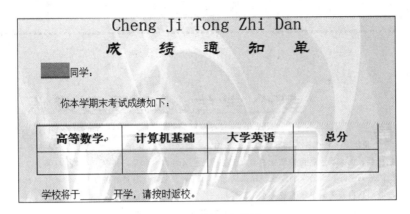

图 2-21　插入合并域

话框,"合并记录"选择"全部"选项,单击"确定"按钮即生成邮件合并文档。

⑨ 单击"快速访问工具栏"中的"保存"按钮,"保存位置"为"实验 6"文件夹,在"文件名"文本框中输入"成绩通知单","保存类型"选择"Word 文档(＊ . docx)"。

五、思考与实践

(1) 模板有什么作用?

(2) 邮件合并的作用是什么?

(3) Word 表格中的公式默认是什么函数? 怎样设置其他函数?

实验作业 2　Word 2010 的操作与使用

一、实验作业目的

综合运用已学过的知识和已掌握的技能,对 Word 文档按要求进行操作。

二、实验作业准备

- 复习实验 4～实验 6 内容;
- 下载实验素材"实验作业 2"并解压缩至 D 盘;
- 启动 Word 2010 应用程序。

三、实验作业任务

(1) 调入"实验作业 2"素材中的文档 ed1. docx,参考图 2-22 所示的样张,按下列要求进行编辑,完成后将文档以原文件名保存。

① 为文章加标题"每个学生都应得到赏识",并使之右对齐,该标题的段前和段后分别留空 0.5 行。

② 将标题字体设置为黑体、加粗、倾斜、二号、蓝色、红色波浪线、字符缩放 130％、字符间距加宽 2 磅。

③ 将页面设置为:A4、左右页边距均为 2.5cm、上下页边距均为 3cm、每页 42 行、每行

每个学生都应得到赏识

最近，青岛海洋大学今后不再评选"三好学生"的消息，成了媒体争相报道的内容。原因是该校修订了优秀学生评选条例。根据条例，从本学期开始，将只有优秀学生标兵、优秀学生、优秀学生干部、优秀毕业生4种荣誉称号，其中优秀学生标兵是学生的最高荣誉。新的条例改变了原来必须获得三好学生才能获得有关奖学金的条件，变为必须获得有关的单项奖学金才能获得相关的优秀学生称号。

笔者认为，从某种意义上讲，这项措施的出台将更加有利于引导、激励学生个性的发展，有利于学生专长的培养。

我们不否认学生综合素质的考评有其自身的优势，但是，其劣势也不能不引起我们的重视。首先，传统的综合素质考评只让少数学生获得成功的体验，而忽略了对大多数学生的鼓励。三好学生标准强调的是德智体全面发展，也就是说，要求样样都能，实际上大多数人很难做到，真正评选的时候，听话守纪律，学习分数高的学生就是三好学生。再说，在具体操作过程中，也难以起到鼓励同学们奋发向上的初衷。三好学生有名额限制，能够获得荣誉的学生毕竟是少数。由于条件相对苛刻，很多学生将其看作是"成绩优秀学生的专利"，认为自己无望获奖，也就早早放弃了。

其次，传统的综合测评讲究标准化和划一性，忽略了对孩子个性和创新的鼓励，获奖的学生往往是千人一面，而有其他特长的学生即使表现得再出色，也与优秀学生的称号无缘。这种学校对"偏才"的不承认打击了一些学生的积极性，不利于他们的健康发展。我们现在提倡的素质教育要求摒弃传统的"大而全"的教育，要"因材施教"，培养"术业有专攻"的"一专多能"的人才，而不是"两脚书橱""书呆子"。再说，人的发展是多样性的，不是所有的人都能均衡发展。上海的韩寒和满舟之所以能一度成为焦点人物，就在于他们对传统的评价体系作出了挑战，他们让人们看到，"出色的"不一定是"全面的"，我们应该有更能使学生发挥个性的评价体系。

最后，传统的三好学生评选过于强调终极评价，缺乏渐进性和延伸性，不利于学生的可持续性发展。针对这些问题，成都市高新三小推出了"争章夺星"的评价模式。该校根据学生认知规律与身心发展特点，强调过程评价，把评价的奖项分为基础奖、发展奖、特长奖和综合奖4类。起评价以"章"为载体，当学生的"章"达到一定数量时，可评综合奖。综合奖以"星"为载体，分金星、银星、铜星3个级别。学生完全可以自主选择由易到难、循序渐进地"争章夺星"，从而不断获得成功的喜悦，又不断追求新的目标。教育是让每一个人都成功，而不是只有少数被挑选出来的人成功。

因此，笔者认为，传统的评价、表彰办法已经逐渐不适应素质教育，尤其是培养学生的创新精神与实践能力，有悖教育的初衷。如何建立一套顺应教育发展规律的评价机制，青岛海洋大学的做法，无疑为我们抛出了引玉之石。

图2-22 Word样张

38个字。

④ 将正文第一段首字下沉2行，字体为黑体、蓝色。

⑤ 将正文第二段与第四段的内容互换。

⑥ 将正文从第二段开始的各段，首行缩进 2 字符。

⑦ 将正文中的所有"学生"设置为红色、加着重号。

⑧ 将正文最后一段从"因此，笔者认为……"起另外作为一段。

⑨ 将正文第五段加上 1.5 磅带阴影的蓝色边框、20％的底纹图案样式，为页面添加 3 磅三维深红虚线边框。

⑩ 在正文第二段居中插入"实验作业 2"素材中的图片 picture1.bmp，图片大小为 2.5cm×2.5cm，环绕方式为"四周型"。

⑪ 将正文最后一段分为等宽两栏，栏间有分隔线。

⑫ 将正文第一段（不得从当前文档中删除）以文件名 write.docx 存放于"实验作业 2"文件夹中。

（2）调入"实验作业 2"素材中的文档 ed2.docx，参考图 2-23 所示的样张，按下列要求进行编辑，完成后将文档以原文件名保存。

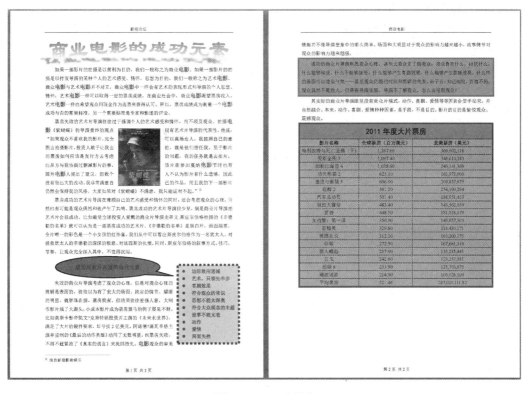

图 2-23　Word 样张

① 在文章标题位置插入艺术字"商业电影的成功元素"，采用第 4 行第 2 列"渐变填充-橙色，强调文字颜色 6，内部阴影"样式；艺术字文本效果"转换"为"桥形"，"阴影"为橙色"左上对角透视"；设置艺术字为隶书、初号、"上下型"环绕方式、居中对齐。

② 将"边际效用递减……局面失控"10 行文本设置为横排文本框，其中的文本为蓝色、加粗字体和"实心圆"项目符号，形状填充为"橙色，强调文字颜色 6，淡色 60％"主题颜色，形状轮廓为 4.5 磅深红圆点虚线。

③ 设置正文所有段落为 1.2 倍行距。

④ 在适当位置插入"椭圆形标注"自选图形，输入文字"成功商业片共通的商业元素"，字体为宋体、小四、加粗、深红色，形状填充为"深蓝，文字2，淡色40％"主题颜色，形状轮廓为"深蓝"标准色，"紧密型"环绕方式。

⑤ 将正文中所有的"电影"设置为蓝色、小四、加粗、"突出显示"格式。

⑥ 在正文第二段适当位置插入"实验作业2"素材中的图片 picture2.jpg，图片高度、宽度缩放比例均为"40％"，环绕方式为"四周型"，并为图片添加1磅蓝色实线边框。

⑦ 设置奇数页页眉为"影视论坛"，偶数页页眉为"商业电影"，奇偶数页页脚均为形如"第X页共Y页"的内容，页眉和页脚均居中对齐。

⑧ 在正文第二段末尾插入编号格式为"①、②、③…"的脚注，内容为"摘自新浪影音娱乐"。

⑨ 为正文第五段设置3磅绿色边框，底纹填充浅绿色及5％图案样式。

⑩ 将文中最后18行文字转换为一个18行3列的表格，表格及其中文字均居中，并按"全球票房"列递减排序表格内容。

⑪ 将表格第一行的文字加粗，并在其上方插入一行，将其3个单元格合并为一个单元格，输入文字"2011年度大片票房"，字体为三号、黑体、加粗。

⑫ 设置表格外框为3磅蓝色实线、内框为1磅深红虚线；设置表格第一行底纹为"红色，强调文字颜色2，淡色40％"主题颜色，其余各行底纹为"白色，背景1，深色25％"主题颜色。

⑬ 在表格最后一行下方插入一行，在其第一个单元格输入文字"平均票房"，第二个和第三个单元格分别计算"全球票房"和"北美票房"的平均值。

实验 7　工作表的创建、编辑和格式化

一、实验目的

- 掌握建立工作簿的方法；
- 掌握数据输入、修改的操作方法；
- 掌握利用填充柄自动填充数据的方法；
- 掌握工作表的复制、移动、删除、插入、重命名的方法；
- 掌握单元格式的设置方法；
- 掌握自动套用格式的操作方法；
- 掌握条件格式的设置方法。

二、实验准备

- 复习《大学计算机基础教程》中第 6.1～6.3 节内容；
- 启动 Excel 2010 应用程序。

三、实验内容

创建工作簿 zg.xlsx，在工作簿 zg.xlsx 中创建和编辑工作表"职工表"，并对工作表"职工表"进行格式化，用户自定义格式化的结果保存在工作表"格式化职工表 1"中，如图 3-1 所示；自动套用格式的结果保存在工作表"格式化职工表 2"中，如图 3-2 所示。

序号	员工编号	姓名	性别	出生日期	籍贯	部门	婚否	工资
				某公司人员情况表				
1	010001	王宝贵	男	1974年2月4日	福建厦门	研发部	TRUE	6923.65
2	020001	曹芳	女	1972年3月1日	安徽安庆	培训部	TRUE	5500.00
3	030001	吕倩	女	1982年6月5日	江西南昌	财务部	FALSE	5200.00
4	040001	曹新安	男	1985年12月6日	山东青岛	市场部	FALSE	5600.00
5	040002	杨小华	女	1974年3月5日	上海	市场部	TRUE	5900.00
6	030002	胡正松	男	1987年9月26日	福建厦门	财务部	FALSE	3852.43
7	020002	卞一新	男	1973年7月9日	北京	培训部	TRUE	5800.00
8	050001	赵倩倩	女	1977年11月19日	江苏苏州	人事部	TRUE	5480.00
9	010003	张小龙	男	1961年5月23日	河南安阳	研发部	TRUE	6426.58
10	010004	高新民	男	1981年6月29日	云南丽江	研发部	FALSE	4900.00
11	020003	于东妮	女	1965年2月26日	天津	培训部	TRUE	6385.00
12	050002	李林	男	1958年8月11日	四川绵阳	人事部	TRUE	6200.00
13	050001	许玲	女	1964年11月6日	浙江温州	财务部	TRUE	4826.00
14	040003	潘兰娟	女	1979年10月30日	山西大同	市场部	FALSE	5769.00
15	050003	陈国涛	男	1985年4月15日	湖北宜昌	人事部	TRUE	4128.00

图 3-1　自定义格式化结果

▲	A	B	C	D	E	F	G	H	I
1	序号	员工编号	姓名	性别	出生日期	籍贯	部门	婚否	工资
2	1	010001	王宝贵	男	1974/2/4	福建厦门	研发部	TRUE	6923.65
3	2	020001	曹芳	女	1972/3/1	安徽安庆	培训部	TRUE	5500
4	3	030001	吕倩	女	1982/6/5	江西南昌	财务部	FALSE	5200
5	4	040001	曹新安	男	1985/12/6	山东青岛	市场部	FALSE	5600
6	5	040002	杨小华	女	1974/3/5	上海	市场部	TRUE	5900
7	6	030002	胡正松	男	1987/9/26	福建厦门	财务部	FALSE	3852.43
8	7	020002	卞一新	男	1973/7/9	北京	培训部	TRUE	5800
9	8	050001	赵倩倩	女	1977/11/19	江苏苏州	人事部	TRUE	5480
10	9	010003	张小龙	男	1961/5/23	河南安阳	研发部	TRUE	6426.58
11	10	010004	高新民	男	1981/6/29	云南丽江	研发部	FALSE	4900
12	11	020003	于东妮	女	1965/2/26	天津	培训部	TRUE	6385
13	12	050002	李林	男	1958/8/11	四川绵阳	人事部	TRUE	6200
14	13	030003	许玲	男	1964/11/6	浙江温州	财务部	TRUE	4826
15	14	040003	潘兰娟	女	1979/10/30	山西大同	市场部	FALSE	5769
16	15	050003	陈国涛	男	1985/4/15	湖北宜昌	人事部	TRUE	4128

图 3-2　自动套用格式结果

四、实验步骤

1. 输入数据

【操作要求】

在工作表 Sheet1 中，输入如表 3-1 所示的数据。

表 3-1　职工基本情况表

员工编号	姓名	性别	出生日期	籍贯	部门	婚否	工资
010001	王宝贵	男	1974/2/4	江苏南京	研发部	TRUE	6923.65
020001	曹芳	女	1972/3/1	安徽安庆	培训部	TRUE	5500
030001	吕倩	女	1982/6/5	江西南昌	财务部	FALSE	5200
040001	曹新安	男	1985/12/6	山东青岛	市场部	FALSE	5600
040002	杨小华	女	1974/3/5	上海	市场部	TRUE	5900
010002	熊燕兰	女	1980/1/21	湖南长沙	研发部	TRUE	5400
030002	胡正松	男	1987/9/26	福建厦门	财务部	FALSE	3852.43
020002	卞一新	男	1973/7/9	北京	培训部	TRUE	5800
050001	赵倩倩	女	1977/11/19	江苏苏州	人事部	TRUE	5480
010003	张晓龙	男	1961/5/23	河南安阳	研发部	TRUE	6426.58
020003	于东妮	女	1965/2/26	天津	培训部	TRUE	6385
050002	李林	男	1958/8/11	四川绵阳	人事部	TRUE	6200
030003	许玲	男	1964/11/6	浙江温州	财务部	TRUE	4826
040003	潘兰娟	女	1979/10/30	山西大同	市场部	FALSE	5769
050003	陈国涛	男	1985/4/15	湖北宜昌	人事部	TRUE	4128

【操作步骤】

① 单击 A1 单元格，输入"员工编号"，单击编辑栏中的 √ 键或按 Enter 键，以同样的方法在 B1:H1 单元格中分别输入"姓名""性别""出生日期""籍贯""部门""婚否""工资"。

② 选择 H2:H16 单元格区域，在"数据"选项卡上的"数据工具"组中，单击"数据有效性"按钮的下拉箭头，在下拉列表中选择"数据有效性"选项，打开"数据有效性"对话框，选择"设置"选项卡，在"允许"下拉列表框中选择"小数"，在"数据"下拉列表框中选择"介于"，在

"最小值"文本框中输入1000,在"最大值"文本框中输入9999,单击"确定"按钮。

说明:使用数据有效性是为了检验单元格可接受数据的类型和范围,以上设置可以控制 H2:H16 单元格区域中的"工资"数据只接受 1000~9999 范围内的数值。

③ 单击 A2 单元格,输入 010001 并按 Enter 键,此时可以看到单元格中显示的是10001,这里的员工编号是作为文本输入的,因此必须在数字前加上西文单引号,否则前面的零会自动丢失,选择 A2 单元格按 Delete 键删除刚才的输入,重新输入"'010001"并按 Enter键,用同样的方法输入其他员工编号。

④ 参考表 3-1 输入职工的其余部分数据。

2. 编辑数据

1)更新单元格内容

【操作要求】

将员工编号为"010001"的职工的籍贯由"江苏南京"改为"福建厦门",将员工编号为"010003"的职工的姓名由"张晓龙"改为"张小龙"。

【操作步骤】

单击 E2 单元格,输入"福建厦门"并按 Enter 键;双击 B11 单元格,在单元格内修改,将"晓"改为"小"并按 Enter 键。

2)添加单元格批注

【操作要求】

为员工编号"040001"的出生日期输入批注"出生日期可能有误"。

【操作步骤】

单击 D5 单元格,在"审阅"选项卡上的"批注"组中单击"新建批注"按钮,在弹出的批注框中先删除姓名,再输入"出生日期可能有误"。完成输入后,单击批注框外部的工作表区域即可退出。

3)插入一行数据

【操作要求】

在员工编号"010003"和"020003"之间插入一行数据,该行数据的内容如表 3-2 所示。

表3-2 插入行的数据内容

员工编号	姓名	性别	出生日期	籍贯	部门	婚否	工资
010004	高新民	男	1981/6/29	云南丽江	研发部	FALSE	4900

【操作步骤】

① 单击员工编号"020003"所在的第 12 行行号或该行中任意单元格。

② 在"开始"选项卡上的"单元格"组中单击"插入"按钮的下拉箭头,在下拉列表中选择"插入工作表行"选项,则第 12 行变为空白行,原第 12 行自动下移。

③ 在 A12~H12 单元格中依次输入"'010004、高新民、男、1981/6/29、云南丽江、研发部、FALSE、4900"。

4)删除一行数据

【操作要求】

将员工编号 010002 的所在行删除。

【操作步骤】

① 单击员工编号 010002 所在的第 7 行行号或该行中任意单元格。

② 在"开始"选项卡上的"单元格"组中单击"删除"按钮的下拉箭头,在下拉列表中选择"删除工作表行"选项,原第 8 行自动上移。

5）插入一列并填充数据

【操作要求】

在第 A 列之前插入一列,列标题为"序号",并利用填充柄自动输入序号。

【操作步骤】

① 单击列号 A 或该列中任意单元格。

② 在"开始"选项卡上的"单元格"组中单击"插入"按钮的下拉箭头,在下拉列表中选择"插入工作表列"选项,则第 A 列变为空白列,原第 A 列自动右移。

③ 单击 A1 单元格,输入"序号"并按 Enter 键。

④ 在 A2 和 A3 单元格中分别输入 1 和 2。

⑤ 选择 A2:A3 单元格区域,移动鼠标至 A3 单元格右下角的填充柄处,待鼠标形状由空心十字变为实心十字时,向下拖动鼠标至 A16 单元格时释放鼠标。

6）复制单元格数据

【操作要求】

将工作表 Sheet1 中"研发部"的职工数据复制到工作表 Sheet2,复制的数据自工作表 Sheet2 的 A1 单元格开始存放。

【操作步骤】

① 选择员工编号 010001 所在的单元格区域 A1:I2（包括列标题）,按住 Ctrl 键不放,选择员工编号 010003、010004 所在的单元格区域 A10:I11。

② 在"开始"选项卡上的"剪贴板"组中单击"复制"按钮，然后选择工作表 Sheet2 的 A1 单元格,在"开始"选项卡上的"剪贴板"组中单击"粘贴"按钮。

3. 使用工作表

1）重命名工作表

【操作要求】

将工作表 Sheet1 重命名为"职工表",将工作表 Sheet2 重命名为"研发部职工表"。

【操作步骤】

双击工作表标签 Sheet1,工作表名称变为黑色时直接输入"职工表",再按 Enter 键确认,用同样的方法对工作表 Sheet2 重命名。

2）删除工作表

【操作要求】

将工作表 Sheet3 删除。

【操作步骤】

右击工作表标签 Sheet3,在弹出的快捷菜单中选择"删除"命令。

3）复制工作表

【操作要求】

将工作表"职工表"复制两份,并分别命名为"格式化职工表 1"和"格式化职工表 2"。

【操作步骤】

单击工作表标签"职工表"选择该工作表,按住 Ctrl 键,并按住鼠标左键沿标签向右拖动工作表标签,到达要移动的目标位置时,松开鼠标左键,便复制了一张与原内容完全相同的工作表"职工表(2)",再将其重命名为"格式化职工表 1"。用同样的方法再复制另一张工作表并重命名。

4）冻结工作表窗口

【操作要求】

冻结工作表"职工表"窗口,要求冻结列标题行。

【操作步骤】

单击工作表标签"职工表"选择该工作表,选择数据区域的任一单元格,在"视图"选项卡上的"窗口"组中,单击"冻结窗格"按钮,在下拉列表中选择"冻结首行"选项,此时在第 2 行上边出现一条水平实线,向下滚动鼠标观看冻结效果。

4. 格式化工作表

1）插入标题后设置合并及居中

【操作要求】

在工作表"格式化职工表 1"的第 1 行之前,插入表格标题"某公司人员情况表",然后将 A1:I1 单元格区域合并,并设置该区域中的标题水平居中和垂直居中。

【操作步骤】

① 单击工作表标签"格式化职工表 1"选择该工作表,用前面介绍的方法在首行前插入一行,然后单击 A1 单元格,输入"某公司人员情况表"并按 Enter 键。

② 选择 A1:I1 单元格区域,在"开始"选项卡上的"对齐方式"组中单击其右下角的小按钮 ,打开"设置单元格格式"对话框,在"水平对齐"和"垂直对齐"下拉列表框中均选择"居中",并勾选"合并单元格"复选框,如图 3-3 所示,单击"确定"按钮。

2）设置字体格式

【操作要求】

在工作表"格式化职工表 1"中,设置第 1 行标题字体为黑体、20 号、紫色,设置第 2 行列标题字体为宋体、加粗、14 号。

【操作步骤】

① 选择 A1 单元格,在"开始"选项卡上的"字体"组中,利用"字体"按钮设置字体为黑体,利用"字号"按钮设置字号为 20,利用"字体颜色"按钮 设置颜色为紫色。

② 选择 A2:I2 单元格区域,用同样的方法设置字体为宋体、字号为 14,利用"加粗"按钮 **B** 设置字形为加粗。

3）设置日期、数值格式

【操作要求】

在工作表"格式化职工表 1"中,将"出生日期"列的数据设置为"2001 年 3 月 14 日"类型的日期格式,将"工资"列的数据设置为保留 2 位小数的数值格式。

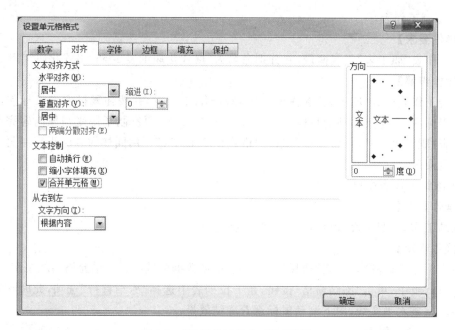

图 3-3 "设置单元格格式"对话框

【操作步骤】

① 选择"出生日期"数据所在的 E3：E17 单元格区域，在"开始"选项卡上的"数字"组中，单击其右下角的小按钮 ，打开"设置单元格格式"对话框，选择分类为"日期"、类型为"2001 年 3 月 14 日"，单击"确定"按钮。

② 选择"工资"数据所在的 I3：I17 单元格区域，用同样的方法打开"设置单元格格式"对话框，选择分类为"数值"，设置小数位数为 2，单击"确定"按钮。

4）设置行高

【操作要求】

在工作表"格式化职工表 1"中，设置第 2 行行高为 48。

【操作步骤】

选择第 2 行，在"开始"选项卡上的"单元格"组中单击"格式"按钮，在下拉列表中选择"行高"选项，在打开的"行高"对话框中输入"48"，单击"确定"按钮即可设置精确行高。

5）改变列宽

【操作要求】

在工作表"格式化职工表 1"中，将"序号"列标题换行显示，并用手工方式调整其他列标题至合适的列宽（"序号"之外的列标题仍然显示一行）。

【操作步骤】

① 选择 A2 单元格，在"开始"选项卡上的"对齐方式"组中单击其右下角的小按钮 ，打开"设置单元格格式"对话框，勾选"自动换行"复选框，单击"确定"按钮。

② 将鼠标移至 A 列和 B 列的分隔线上，此时鼠标指针变为水平双向箭头，按住鼠标左键并拖动鼠标至适当位置，松开鼠标左键，使得"序号"列标题正好分两行显示。

③ 用同样的鼠标拖动方法，调整其他列标题至合适的列宽。

6) 设置单元格文本对齐

【操作要求】

在工作表"格式化职工表 1"中,设置 A2:I17 单元格区域中的文本水平居中和垂直居中。

【操作步骤】

选择 A2:I17 单元格区域,在"开始"选项卡上的"对齐方式"组中单击其右下角的小按钮,在打开的"设置单元格格式"对话框中按照"操作要求"进行设置。

7) 设置表格边框

【操作要求】

在工作表"格式化职工表 1"中,设置 A2:I17 单元格区域的外框线为蓝色双线、内框线为最细蓝色单线。

【操作步骤】

选择 A2:I17 单元格区域,在"开始"选项卡上的"字体"组中单击"边框"按钮 的下拉箭头,在下拉列表中选择"其他边框"选项,打开"设置单元格格式"对话框,选择线条样式为"双线"、颜色为"蓝色",单击"预置"选项组的"外边框"选项,再选择线条样式为"最细实线",单击"预置"选项组的"内部"选项,最后单击"确定"按钮。

8) 设置背景色

【操作要求】

在工作表"格式化职工表 1"中,设置 A2:I2 单元格区域的背景色为黄色。

【操作步骤】

选择 A2:I2 单元格区域,在"开始"选项卡上的"字体"组中利用"填充颜色"按钮 设置背景色为黄色。

9) 设置条件格式

【操作要求】

为工作表"格式化职工表 1"设置条件格式,大于等于 6000 元的工资用绿色加粗显示,小于等于 4500 元的工资用红色加粗显示。

【操作步骤】

① 选择 I3:I17 单元格区域,在"开始"选项卡上的"样式"组中单击"条件格式"按钮,在下拉列表中选择"突出显示单元格规则"中的"其他规则"选项,打开"新建格式规则"对话框。

② 在"新建格式规则"对话框中,先设置指定条件,如图 3-4 所示,再单击"格式"按钮,在打开的"设置单元格格式"对话框中,设置当条件满足时应显示的格式(大于等于 6000 元的工资用绿色加粗显示)。

③ 重复步骤①、②的操作方法,设置另一个条件格式(小于等于 4500 元的工资用红色加粗显示)。

④ 在"开始"选项卡上的"样式"组中单击"条件格式"按钮,在下拉列表中选择"管理规则"选项,打开"条件格式规则管理器"对话框,如图 3-5 所示,可以看到已创建的两个条件格式规则。

说明:在"条件格式规则管理器"对话框中,可以创建、编辑、删除和查看所有条件格式规则。当多个条件格式规则应用于一个单元格区域时,将按其优先级顺序评估这些规则。

图 3-4 "新建格式规则"对话框

图 3-5 "条件格式规则管理器"对话框

对话框列表中前面规则比后面规则的优先级高。默认情况下,新规则总是添加到列表的顶部。可以使用对话框中的"上移"和"下移"箭头更改优先级顺序。对于一个单元格区域,可以有多个评估为真的条件格式规则。这些规则可能冲突,也可能不冲突。当两个规则冲突时,只应用优先级较高的规则。

10) 自动套用格式

【操作要求】

为工作表"格式化职工表 2"的 A1:I16 单元格区域自动套用"表样式中等深浅 6"表格格式,并将表格转换为普通区域。

【操作步骤】

① 选择工作表"格式化职工表 2"数据区域中的任意单元格,在"开始"选项卡上的"样式"组中单击"套用表格格式"按钮,在下拉列表中选择"表样式中等深浅 6"格式。

② 在打开的"套用表格格式"对话框中确认表数据的引用范围,单击"确定"按钮,所选的单元格区域被创建为"表格"并应用了格式。

③ 功能区会出现"表格工具" [表格工具设计] ,在其下的"设计"选项卡上,单击"工具"组中的"转换为区域"按钮。

④ 在打开的"是否将表转换为普通区域"提示对话框中,单击"是"按钮,表格样式格式仍将保持不变,但区域不再具有表格功能。

5. 保存工作簿

【操作要求】

将编辑好的当前工作簿保存,工作簿文件名为 zg. xlsx。

【操作步骤】

在 Excel 窗口左上角单击"快速访问工具栏"的"保存"按钮 💾 ,在打开的"另存为"对话框中,根据需要选择"保存位置",并输入文件名 zg. xlsx。

五、思考与实践

(1) 工作簿和工作表有何不同?一个工作簿中默认有多少张工作表?最多可以有多少张工作表?

(2) 什么是单元格?单元格如何表示?什么是活动单元格?

(3) 在 Excel 中可以输入的数据类型包括哪些?如何填充一批有规律的数据?

(4) 如何设置数据输入时所遵守的规则?这样做有什么好处?

(5) 工作表的插入、重命名、删除、移动和复制操作可以用快捷菜单实现,请逐个实验。

(6) 单元格清除与单元格删除的区别是什么?

(7) 设置工作表格式时,有时单元格会显示出"＃ ＃ ＃ ＃ ＃ ＃",为什么?如何解决?

实验 8   公式和函数应用基础

一、实验目的

- 掌握公式的输入和应用方法;
- 掌握函数向导及常用函数的使用方法;
- 掌握相对地址、绝对地址在应用中的区别。

二、实验准备

- 复习《大学计算机基础教程》中第 6.4 节内容;
- 下载实验素材"实验 8"并解压缩至 D 盘;
- 启动 Excel 2010 应用程序,打开"实验 8"素材中的工作簿 cj. xlsx。

三、实验内容

在工作簿 cj. xlsx 中,对工作表"成绩表"进行基本数据统计,如图 3-6 所示。

	A	B	C	D	E	F	G	H	I	J
1				某班级高考分数情况表						
2	准考证号	姓名	语文	数学	英语	总分	平均分	名次	科别	录取状况
3	1010100125	张明	80	89	55	224	74.7	9	文科	录取
4	1020103814	李建国	90	78	80	248	82.7	4	文科	录取
5	1020103815	孙冰	78	95	75	248	82.7	4	文科	录取
6	1020203816	马永军	82	74	83	239	79.7	7	理科	录取
7	1020103817	张丽	90	62	92	244	81.3	6	文科	录取
8	1020203818	周雪	80	56	76	212	70.7	14	理科	不录取
9	1020103819	陈莉莉	60	80	70	210	70.0	15	文科	录取
10	1020203820	沈剑	75	60	68	203	67.7	17	理科	不录取
11	1020203821	黄帅	80	90	80	250	83.3	3	理科	录取
12	1020203822	黄彬	70	85	64	219	73.0	10	理科	录取
13	1020103823	陈韵洁	62	37	50	149	49.7	20	文科	不录取
14	1020103826	李响	45	85	80	210	70.0	15	文科	录取
15	1020103827	周晨	93	86	80	259	86.3	2	文科	录取
16	1020103828	周兵	64	80	70	214	71.3	12	文科	录取
17	1020203829	张国庆	82	79	71	232	77.3	8	理科	录取
18	1020203830	张孟	90	94	85	269	89.7	1	理科	录取
19	1020203901	孙文捷		90	65	155	77.5	19	理科	不录取
20	1020103902	陈育	67	52	60	179	59.7	18	文科	不录取
21	1020203904	陈城	81	64	72	217	72.3	11	理科	录取
22	1020103905	金雯	60	83	70	213	71.0	13	文科	录取
23	最高分		93	95	92					
24	最低分		45	37	50					
25	缺考人数		1	0	0					
26	参考人数		19	20	20					
27	考生总数		20							

图 3-6　基本数据统计结果

四、实验步骤

1. 利用自定义公式计算总分

【操作要求】

在工作表"成绩表"中,利用自定义公式计算每个考生的总分,结果显示在 F3:F22 单元格区域中。

【操作步骤】

① 选择 F3 单元格,输入公式"＝C3＋D3＋E3",单击工作表任意位置或按 Enter 键,计算结果显示在 F3 单元格。

② 选择 F3 单元格,将填充柄拖动至 F22 单元格并释放,复制 F3 单元格中的公式到 F4:F22 单元格区域。

说明:还可以利用"公式"选项卡上"函数库"组中的"自动求和"按钮∑或直接利用 SUM 函数来计算。

2. 利用平均值函数计算平均分

【操作要求】

在工作表"成绩表"中,使用平均值函数向导计算每个考生的平均分,结果设置为保留 1 位小数的数值格式,并显示在 G3:G22 单元格区域中。

【操作步骤】

① 选择 G3 单元格,在"公式"选项卡上的"函数库"组中单击"插入函数"按钮📷,在"插入函数"对话框中选择函数 AVERAGE,单击"确定"按钮,打开"函数参数"对话框,如

图 3-7 所示。

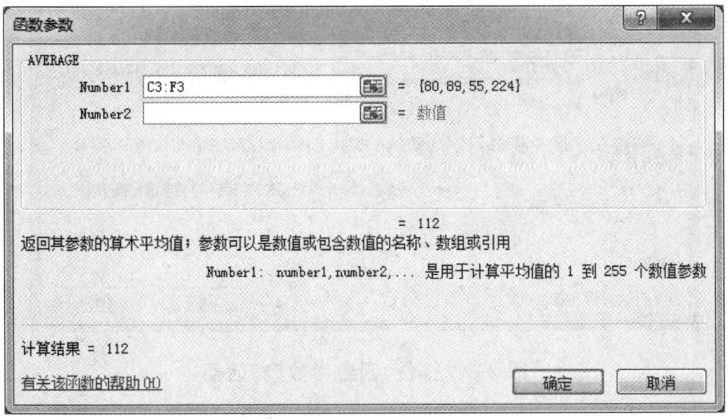

图 3-7 平均值“函数参数”对话框

② 单击第一个参数 Number1 右边的“压缩对话框”按钮 (隐藏“函数参数”对话框的下半部分)，然后在工作表上选择 C3:E3 单元格区域，单击“展开对话框”按钮 (恢复显示“函数参数”对话框的全部内容)，单击“确定”按钮。

③ 选择 G3 单元格，将填充柄拖动至 G22 单元格并释放，复制 G3 单元格中的公式到 G4:G22 单元格区域。

④ 选择 G3:G22 单元格区域，在“开始”选项卡上的“数字”组中单击其右下角的小按钮 ***fx***，打开“设置单元格格式”对话框，选择分类为“数值”，设置小数位数为 1，单击“确定”按钮。

3. 利用函数计算名次

【操作要求】

在工作表“成绩表”中，使用排位函数向导按总分计算出每个考生的排名，要求使用绝对地址引用必要的单元格，结果显示在 H3:H22 单元格区域中。

【操作步骤】

① 选择 H3 单元格，在“公式”选项卡上的“函数库”组中单击“插入函数”按钮 f_x，在“插入函数”对话框中选择函数 RANK. EQ，单击“确定”按钮，打开“函数参数”对话框。

② 在第一个参数 Number 内输入“F3”，在第二个参数 Ref 内输入“$F$3:$F$22”，如图 3-8 所示，单击“确定”按钮。

③ 选择 H3 单元格，将填充柄拖动至 H22 单元格并释放，复制 H3 单元格中的公式到 H4:H22 单元格区域。

4. 利用函数计算科别

【操作要求】

在工作表“成绩表”中，直接使用取子串函数和条件函数计算每个考生的科别(科别代码为准考证号的第 4、5 位，科别代码“01”代表科别为文科，科别代码“02”代表科别为理科)，结果显示在 I3:I22 单元格区域中。

【操作步骤】

① 选择 I3 单元格，输入公式“=IF(MID(A3,4,2)="01","文科","理科")”，单击工作

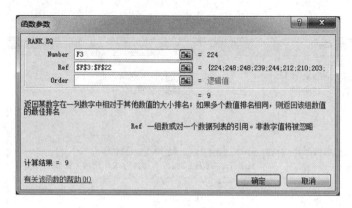

图 3-8　排位"函数参数"对话框

表任意位置或按 Enter 键,计算结果显示在 I3 单元格。

② 选择 I3 单元格,将填充柄拖动至 I22 单元格并释放,复制 I3 单元格中的公式到 I4:I22 单元格区域。

5. 利用函数计算录取状况

【操作要求】

在工作表"成绩表"中,直接使用逻辑与函数和条件函数计算每个考生的录取状况(当语文、数学均大于等于 60 并且总分大于等于 210 时,录取状况为"录取",否则为"不录取"),结果显示在 J3:J22 单元格区域中。

【操作步骤】

① 选择 J3 单元格,输入公式"=IF(AND(C3>=60,D3>=60,F3>=210),"录取","不录取")",单击工作表任意位置或按 Enter 键,计算结果显示在 J3 单元格。

② 选择 J3 单元格,将填充柄拖动至 J22 单元格并释放,复制 J3 单元格中的公式到 J4:J22 单元格区域。

6. 利用函数计算最高分

【操作要求】

在工作表"成绩表"中,直接使用最大值函数计算各科目的最高分,结果显示在 C23:E23 单元格区域中。

【操作步骤】

① 选择 C23 单元格,输入公式"=MAX(C3:C22)",单击工作表任意位置或按 Enter 键,计算结果显示在 C23 单元格。

② 选择 C23 单元格,将填充柄拖动至 E23 单元格并释放,复制 C23 单元格中的公式到 D23:E23 单元格区域。

7. 利用函数计算最低分

【操作要求】

在工作表"成绩表"中,直接使用最小值函数计算各科目的最低分,结果显示在 C24:E24 单元格区域中。

【操作步骤】

① 选择 C24 单元格,输入公式"=MIN(C3:C22)",单击工作表任意位置或按 Enter

键,计算结果显示在 C24 单元格。

② 选择 C24 单元格,将填充柄拖动至 E24 单元格并释放,复制 C24 单元格中的公式到 D24:E24 单元格区域。

8. 利用函数计算缺考人数

【操作要求】

在工作表"成绩表"中,直接使用统计个数函数计算各科目的缺考人数,结果显示在 C25:E25 单元格区域中。

【操作步骤】

① 选择 C25 单元格,输入公式"=COUNTBLANK(C3:C22)",单击工作表任意位置或按 Enter 键,计算结果显示在 C25 单元格。

② 选择 C25 单元格,将填充柄拖动至 E25 单元格并释放,复制 C25 单元格中的公式到 D25:E25 单元格区域。

9. 利用函数计算参考人数

【操作要求】

在工作表"成绩表"中,直接使用统计个数函数计算各科目的参考人数,结果显示在 C26:E26 单元格区域中。

【操作步骤】

① 选择 C26 单元格,输入公式"=COUNT(C3:C22)",单击工作表任意位置或按 Enter 键,计算结果显示在 C26 单元格。

② 选择 C26 单元格,将填充柄拖动至 E26 单元格并释放,复制 C26 单元格中的公式到 D26:E26 单元格区域。

10. 利用函数计算考生总数

【操作要求】

在工作表"成绩表"中,直接使用统计个数函数计算考生总数,结果显示在 C27 单元格中。

【操作步骤】

选择 C27 单元格,输入公式"=COUNTA(B3:B22)",单击工作表任意位置或按 Enter 键,计算结果显示在 C27 单元格。

五、思考与实践

(1) 输入公式的操作方法有哪些?若单元格显示"♯DIV/0!",表示什么意思?

(2) 单元格的绝对地址和相对地址有什么区别?

(3) 按如下要求计算九九乘法口诀表,如图 3-9 所示。

① 在 A3~A11 单元格中输入"1~9",在 B2~J2 单元格中输入"1~9"。

② 在 B3 单元格中输入自定义公式,要求使用混合地址引用必要的单元格。

③ 利用公式复制的方法,将 B3 单元格中的公式复制到其他单元格。

(4) 为了求出 C1、C2、C3、C5、C6、C7 这 6 个数值单元格的平均值,请写出能完成此计算功能的三种公式。

	A	B	C	D	E	F	G	H	I	J
1					计算九九乘法口诀表					
2		1	2	3	4	5	6	7	8	9
3	1	1	2	3	4	5	6	7	8	9
4	2	2	4	6	8	10	12	14	16	18
5	3	3	6	9	12	15	18	21	24	27
6	4	4	8	12	16	20	24	28	32	36
7	5	5	10	15	20	25	30	35	40	45
8	6	6	12	18	24	30	36	42	48	54
9	7	7	14	21	28	35	42	49	56	63
10	8	8	16	24	32	40	48	56	64	72
11	9	9	18	27	36	45	54	63	72	81

图 3-9　计算九九乘法口诀表

实验 9　条件统计函数的使用及图表的制作

一、实验目的

- 掌握公式的使用方法；
- 掌握 SUMIF、COUNTIF 条件统计函数的使用方法；
- 掌握相对地址、绝对地址在应用中的区别；
- 掌握图表创建和编辑的方法。

二、实验准备

- 复习《大学计算机基础教程》中第 6.4～6.5 节内容；
- 下载实验素材"实验 9"并解压缩至 D 盘；
- 启动 Excel 2010 应用程序，打开"实验 9"素材中的工作簿 cj.xlsx。

三、实验内容

在工作簿 cj.xlsx 中，根据工作表"成绩表"对各科目按文、理科分别统计平均分，并制作相应的分析图表，结果保存在工作表"平均分统计情况表"中，如图 3-10 所示；根据工作表"成绩表"对各科目按分数段统计人数及所占比例，并制作相应的分析图表，结果保存在工作表"分段统计情况表"中，如图 3-11 所示。

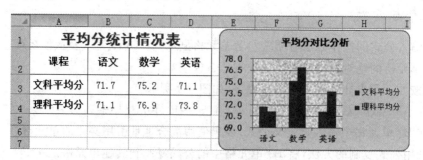

图 3-10　平均分统计分析结果

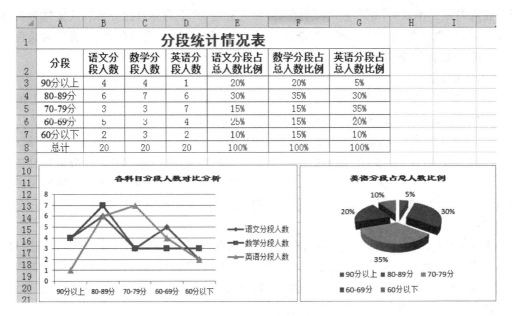

图 3-11　分段统计分析结果

1. 平均分统计分析

1）利用函数计算平均分

【操作要求】

在工作表"平均分统计情况表"中，直接使用条件求和函数和条件计数函数按文、理科分别计算各科目的平均分（缺考科目的成绩按 0 分计），要求使用绝对地址引用必要的单元格，结果设置为保留 1 位小数的数值格式，并显示在 B3：D4 单元格区域中。

【操作步骤】

① 单击工作表标签"平均分统计情况表"，选择该工作表中的 B3 单元格，输入公式"＝SUMIF(成绩表！＄I＄3：＄I＄22，"文科"，成绩表！C3：C22)/COUNTIF(成绩表！＄I＄3：＄I＄22，"文科")"，单击工作表任意位置或按 Enter 键，计算结果显示在 B3 单元格。

② 选择 B3 单元格，将填充柄拖动至 D3 单元格并释放，复制 B3 单元格中的公式到 C3：D3 单元格区域。

③ 选择 B4 单元格，输入公式"＝SUMIF(成绩表！＄I＄3：＄I＄22，"理科"，成绩表！C3：C22)/COUNTIF(成绩表！＄I＄3：＄I＄22，"理科")"，单击工作表任意位置或按 Enter 键，计算结果显示在 B4 单元格。

④ 选择 B4 单元格，将填充柄拖动至 D4 单元格并释放，复制 B4 单元格中的公式到 C4：D4 单元格区域。

⑤ 选择 B3：D4 单元格区域，在"开始"选项卡上的"数字"组中单击其右下角的小按钮，打开"设置单元格格式"对话框，选择分类为"数值"，设置小数位数为 1，单击"确定"按钮。

2）制作柱形图

【操作要求】

根据工作表"平均分统计情况表"中的 A2：D4 单元格区域数据，生成一张"簇状柱形图"，嵌入当前工作表中，要求系列产生在行，图表标题为"平均分对比分析"，其字体为黑体、字号12，分类轴和数值轴的字体均为楷体、字号11，图表的边框为圆角紫色、背景为黄色，绘图区的填充效果为"新闻纸"纹理，数值轴刻度最小值为69、主要刻度单位为1.5。

【操作步骤】

① 选择工作表"平均分统计情况表"中的 A2：D4 单元格区域，在"插入"选项卡上的"图表"组中单击"柱形图"按钮，在下拉列表中选择"簇状柱形图"子图表类型。

② 功能区会出现"图表工具"，在其下的"布局"选项卡上，单击"标签"组中的"图表标题"按钮，在下拉列表中选择"图表上方"选项，输入图表标题为"平均分对比分析"。

③ 选择图表标题，在"开始"选项卡上的"字体"组中，利用"字体"按钮设置字体为黑体，利用"字号"按钮设置字号为12。用同样的方法，依次设置分类轴和数值轴的字体格式为楷体、字号11。

④ 右击图表区空白处，在弹出的快捷菜单中选择"设置图表区域格式"命令，打开"设置图表区格式"对话框。在"填充"功能栏中，单击"纯色填充"选项按钮，选择填充颜色为黄色；在"边框颜色"功能栏中，单击"实线"选项按钮，设置边框颜色为紫色；在"边框样式"功能栏中，选中"圆角"复选框。单击"关闭"按钮。

⑤ 右击绘图区空白处，在弹出的快捷菜单中选择"设置绘图区格式"命令，打开"设置绘图区格式"对话框，在"填充"功能栏中，单击"图片或纹理填充"选项按钮，选择"纹理"为"新闻纸"（第3行第3列）。

⑥ 右击图表的数值轴文字，在弹出的快捷菜单中选择"设置坐标轴格式"命令，打开"设置坐标轴格式"对话框，在"坐标轴选项"功能栏中，设置刻度最小值为固定值69，设置主要刻度单位为固定值1.5，单击"关闭"按钮。

⑦ 单击图表区空白处，即选定了图表，此时图表边框上有8个控制点，将鼠标移至控制点，拖动鼠标调整该图表大小。拖动鼠标移动图表至合适的单元格区域内。

说明：此处创建的图表是嵌入式图表，如果用户想创建独立图表，可以有两种方法，方法一是先创建好嵌入式图表，然后在"图表工具"的"设计"选项卡上，单击"位置"组中的"移动图表"按钮，将图表移动到新工作表中；方法二是选择要绘图的数据区域，按功能键F11（笔记本电脑为Fn＋F11），然后根据要求编辑和修改该图表。

2. 分段统计分析

1）利用函数计算各科目分段人数

【操作要求】

在工作表"分段统计情况表"中，直接使用条件计数函数和求和函数分别计算各科目的分段人数（缺考科目按不及格统计），结果显示在 B3：D8 单元格区域中。

【操作步骤】

① 单击工作表标签"分段统计情况表"，选择该工作表中的 B3 单元格，输入公式"＝COUNTIF(成绩表！C3：C22,"＞＝90")"，单击工作表任意位置或按 Enter 键，计算结果显示在 B3 单元格。

② 选择 B4 单元格，输入公式"＝COUNTIF(成绩表！C3：C22,"＞＝80")－B3"，单击工作表任意位置或按 Enter 键，计算结果显示在 B4 单元格。

③ 选择 B5 单元格，输入公式"＝COUNTIF(成绩表！C3：C22,"＞＝70")－B4－B3"，

单击工作表任意位置或按 Enter 键，计算结果显示在 B5 单元格。

④ 选择 B6 单元格，输入公式"＝COUNTIF(成绩表! C3:C22,">＝60")－B5－B4－B3"，单击工作表任意位置或按 Enter 键，计算结果显示在 B6 单元格。

⑤ 选择 B7 单元格，输入公式"＝COUNTIF(成绩表! C3:C22,"＜60")＋COUNTIF(成绩表! C3:C22,"")"，单击工作表任意位置或按 Enter 键，计算结果显示在 B7 单元格。

⑥ 选择 B8 单元格，输入公式"＝SUM(B3:B7)"，单击工作表任意位置或按 Enter 键，计算结果显示在 B8 单元格。

⑦ 选择 B3:B8 单元格区域，将填充柄拖动至 D8 单元格并释放，复制 B3:B8 单元格区域中的公式到 C3:D8 单元格区域。

2) 利用公式计算各科目分段人数比例

【操作要求】

在工作表"分段统计情况表"中，使用公式分别计算各科目的分段人数占总人数比例，要求使用混合地址引用必要的单元格，结果设置为不含小数的百分比格式，并显示在 E3:G8 单元格区域中。

【操作步骤】

① 选择 E3 单元格，输入公式"＝B3/B＄8"，单击工作表任意位置或按 Enter 键，计算结果显示在 E3 单元格。

② 选择 E3 单元格，将填充柄拖动至 E8 单元格并释放，复制 E3 单元格区域中的公式到 E4:E8 单元格区域。

③ 选择 E3:E8 单元格区域，将填充柄拖动至 G8 单元格并释放，复制 E3:E8 单元格区域中的公式到 F3:G8 单元格区域。

④ 选择 E3:G8 单元格区域，在"开始"选项卡上的"数字"组中单击其右下角的小按钮🔲，打开"设置单元格格式"对话框，选择分类为"百分比"，设置小数位数为 0，单击"确定"按钮。

3) 制作折线图

【操作要求】

根据工作表"分段统计情况表"中的 A2:D7 单元格区域数据，生成一张"带数据标记的折线图"，嵌入当前工作表中，要求系列产生在列，图表标题为"各科目分段人数对比分析"，其字体为隶书、字号 12，图例、分类轴和数值轴的字号均为 9。

【操作步骤】

① 选择工作表"分段统计情况表"中的 A2:D7 单元格区域，在"插入"选项卡上的"图表"组中单击"折线图"按钮，在下拉列表中选择"带数据标记的折线图"子图表类型。

② 功能区会出现"图表工具" ，在其下的"布局"选项卡上，单击"标签"组中的"图表标题"按钮，在下拉列表中选择"图表上方"选项，输入图表标题为"各科目分段人数对比分析"。

③ 选择图表标题，在"开始"选项卡上的"字体"组中，利用"字体"按钮设置字体为隶书，利用"字号"按钮设置字号为 12。用同样的方法，依次设置图例、分类轴和数值轴的字号为 9。

④ 调整该图表大小，并将其移动到合适的单元格区域内。

4）制作饼图

【操作要求】

根据工作表"分段统计情况表"中的 A2：A7 及 G2：G7 单元格区域数据，生成一张"分离型三维饼图"，嵌入当前工作表中，要求系列产生在列，数据标签显示值，其位置在数据标志外面，图例位置在图表底部，图表标题为"英语分段占总人数比例"，其字体格式为隶书、字号 12。

【操作步骤】

① 选择工作表"分段统计情况表"中的 A2：A7 及 G2：G7 单元格区域，在"插入"选项卡上的"图表"组中，单击"饼图"按钮，在下拉列表中选择"分离型三维饼图"子图表类型。

② 功能区会出现"图表工具"，在其下的"布局"选项卡上，单击"标签"组中的"数据标签"按钮，在下拉列表中选择"其他数据标签选项"，打开"设置数据标签格式"对话框，在"标签选项"功能栏中，选中"值""显示引导线"复选框，标签位置选中"数据标签外"选项按钮，单击"关闭"按钮。

③ 右击图例，在弹出的快捷菜单中选择"设置图例格式"命令，打开"设置图例格式"对话框，在"图例选项"功能栏中，图例位置选中"底部"选项按钮，单击"关闭"按钮。

④ 选择图表标题，在"开始"选项卡上的"字体"组中，利用"字体"按钮设置字体为隶书，利用"字号"按钮设置字号为 12。

⑤ 调整该图表大小，并将其移动到合适的单元格区域内。

五、思考与实践

（1）"跨工作表"时如何引用单元格？

（2）利用 IF 和 COUNTIF 这两个函数，可判断指定的姓名在"单位职工工资表"中是否存在，结果显示在 J3：J6 单元格区域中，如图 3-12 所示。请问单元格 J3 中公式的内容是什么？

	A	B	C	D	E	F	G	H	I	J
1				单位职工工资表						
2	职工号	姓名	部门	应发工资	保险扣款	其他扣款	实发工资		姓名	是否存在
3	1	李元锴	企划	2400	152	80	2168		陈碧佳	存在
4	2	孙春红	销售	2200	114	60	2026		王乐	不存在
5	3	王娜	销售	2200	114	50	2036		周琳	不存在
6	4	陈碧佳	销售	2140	114	60	1966		刘超	存在
7	5	康建平	销售	2100	123.5	30	1946.5			
8	6	贾青青	企划	2640	152	60	2428			
9	7	张亦非	生产	2260	142.5	60	2057.5			
10	8	于晓萌	生产	1940	114	60	1766			
11	9	周琳琳	生产	2400	133	60	2187			
12	10	王明浩	生产	2000	114	60	1826			
13	11	刘超	设计	1940	114	60	1766			
14	12	沙靖松	企划	2100	104.5	20	1975.5			
15	13	魏宏明	设计	2000	114	60	1826			
16	14	李洋洋	设计	1800	95	70	1635			
17	15	赵杰	设计	2800	171	60	2569			

图 3-12　判断指定的姓名在工作表中是否存在

（3）不同类型的图表具有不同的特点，请问"柱形图""折线图""饼图"分别适合什么样的场合？根据表 3-3~表 3-5 所示的数据，自行选择合适的图表类型，分别创建图表反映其内容。

表 3-3　某地一天气温变化

时间(24 小时制)	0	2	4	6	8	10	12	14	16	18	20	22
温度(℃)	25	24	23	25	26.5	29	30.5	33	30.5	28	26	25.5

表 3-4　某地多年月平均降水量

月份	1	2	3	4	5	6	7	8	9	10	11	12
降水量(mm)	10	5	22	47	71	81	135	169	112	57	24	12

表 3-5　地球陆地面积分布统计

大洋洲	欧洲	南极洲	南美洲	北美洲	非洲	亚洲
6％	7.10％	9.30％	12％	16.10％	20.20％	29.30％

实验 10　数据管理与分析

一、实验目的

- 掌握数据清单的编辑方法；
- 掌握数据清单中数据的排序方法；
- 掌握数据清单中数据的筛选方法；
- 掌握数据清单中数据的分类汇总方法；
- 掌握为数据清单中数据建立数据透视表的方法。

二、实验准备

- 复习《大学计算机基础教程》中第 6.6～6.7 节内容；
- 下载实验素材"实验 10"并解压缩至 D 盘；
- 启动 Excel 2010 应用程序，打开"实验 10"素材中的工作簿 ck.xlsx。

三、实验内容

工作簿 ck.xlsx 中的工作表"存款表"，记录了银行客户的存款单信息，其中"期限"列的单位为年。利用记录单对工作表"存款表"进行编辑，并在编辑完成后将该工作表复制 4 份；对工作表"自动筛选存款表 1"进行自动筛选，筛选结果如图 3-13 所示；对工作表"自动筛选存款表 2"进行自动筛选，筛选结果如图 3-14 所示；对工作表"高级筛选存款表"进行高级筛选，筛选结果如图 3-15 所示；对工作表"汇总存款表"进行分类汇总，汇总结果如图 3-16 所示；根据工作表"存款表"中的数据，建立数据透视表，结果保存在新建工作表"数据透视存款表"中，如图 3-17 所示。

	A	B	C	D	E	F	G	H	I
1				**个人存款清单**					
2	账号 ▼	存款人 ▼	银行 ▼	存入日 ▼	期限 ▼	年利率 ▼	金额 ▼	到期日 ▼	本息 ▼
15	gh00080109	樊婷婷	工商银行	2000/8/1	3	2.70	4000.00	2003/8/1	4,324.00
26	gh05060632	李帆	工商银行	2005/6/6	3	3.24	30000.00	2008/6/6	32,916.00
28	gh05112035	卫莉	工商银行	2005/11/20	3	3.24	2600.00	2008/11/20	2,852.72
31	gh04081215	李菡	工商银行	2004/8/12	3	2.52	30000.00	2007/8/12	32,268.00
33	gh05100107	史菁	工商银行	2005/10/1	3	3.24	35000.00	2008/10/1	38,402.00

图 3-13　工作表"自动筛选存款表 1"的自动筛选结果

	A	B	C	D	E	F	G	H	I
1				**个人存款清单**					
2	账号 ▼	存款人 ▼	银行 ▼	存入日 ▼	期限 ▼	年利率 ▼	金额 ▼	到期日 ▼	本息 ▼
3	nh07040101	钱怡	农业银行	2007/4/1	1	2.79	2200.00	2008/4/1	2,261.38
6	zh07050120	潘洋	中国银行	2007/5/1	1	2.79	2800.00	2008/5/1	2,878.12
7	zh07020108	宣彪	中国银行	2007/2/1	3	3.69	2500.00	2010/2/1	2,776.75
9	zh07070116	齐梦丽	中国银行	2007/7/1	3	4.41	3600.00	2010/7/1	4,076.28
10	zh07080133	卢昕强	中国银行	2007/8/1	3	4.68	2800.00	2010/8/1	3,193.12
18	nh07060123	钱瑾	农业银行	2007/6/1	5	4.95	4200.00	2012/6/1	5,239.50
25	zh06120305	李志娟	中国银行	2006/12/3	1	2.52	25000.00	2007/12/3	25,630.00
35	zh06010121	李文婷	中国银行	2006/1/1	3	3.60	25000.00	2011/1/1	29,500.00
36	nh06070117	戚曙东	农业银行	2006/7/1	5	3.60	30000.00	2011/7/1	35,400.00
38	nh06120114	杨杰文	农业银行	2006/12/1	5	4.14	4000.00	2011/12/1	4,828.00

图 3-14　工作表"自动筛选存款表 2"的自动筛选结果

	A	B	C	D	E	F	G	H	I
1	期限	金额	金额						
2	1	>=25000	<=30000						
3	5	>=25000	<=30000						
4									
5				**个人存款清单**					
6	账号	存款人	银行	存入日	期限	年利率	金额	到期日	本息
26	jh06020211	杨超	建设银行	2006/2/2	1	2.25	26000.00	2007/2/2	26,585.00
27	gh06050626	杜泓扬	工商银行	2006/5/6	1	2.25	30000.00	2007/5/6	30,675.00
28	jh06091034	郝思禹	建设银行	2006/9/10	1	2.52	30000.00	2007/9/10	30,756.00
29	zh06120305	李志娟	中国银行	2006/12/3	1	2.52	25000.00	2007/12/3	25,630.00
39	zh06010121	李文婷	中国银行	2006/1/1	5	3.60	25000.00	2011/1/1	29,500.00
40	nh06070117	戚曙东	农业银行	2006/7/1	5	3.60	30000.00	2011/7/1	35,400.00
43	gh07020624	赵春阳	工商银行	2007/2/6	5	4.14	30000.00	2012/2/6	36,210.00
45	gh08010112	王维斌	工商银行	2008/1/1	5	5.85	25000.00	2013/1/1	32,312.50

图 3-15　高级筛选结果

	A	B	C	D	E	F	G	H	I
1				**个人存款清单**					
2	账号	存款人	银行	存入日	期限	年利率	金额	到期日	本息
13			中国银行 汇总				148300.00		163,234.87
24			建设银行 汇总				154200.00		169,360.68
36			工商银行 汇总				197600.00		222,823.22
45			农业银行 汇总				50000.00		59,092.88
46			总计				550100.00		614,511.65

图 3-16　分类汇总结果

	A	B	C	D	E	F	G
3	期限	▼					
4		1		3		5	
5	银行 ▼	求和项:金额	求和项:本息	求和项:金额	求和项:本息	求和项:金额	求和项:本息
6	中国银行	18.75%	17.46%	61.97%	61.61%	19.29%	20.92%
7	建设银行	37.48%	34.96%	38.00%	38.08%	24.51%	26.96%
8	工商银行	17.71%	16.10%	51.42%	49.71%	30.87%	34.19%
9	农业银行	4.40%	3.83%	16.00%	15.73%	79.60%	80.44%
10	总计	22.32%	20.48%	47.28%	46.40%	30.39%	33.12%

图 3-17　数据透视结果

四、实验步骤

1. 对数据清单进行编辑

1）增加记录

【操作要求】

在工作表"存款表"中，使用记录单在数据清单尾部增加一条记录，记录单中输入的数据如表 3-6 所示。

表 3-6　记录单中输入的数据

账号	存款人	银行	存入日	期限	年利率	金额	到期日	本息
gh08010112	王维斌	工商银行	2008/1/1	5	5.85	25000.00	2013-1-1	

【操作步骤】

① 在 Excel 窗口左上角单击"快速访问工具栏"右侧的下拉箭头，在下拉列表中选择"其他命令"选项，打开"Excel 选项"对话框。

② 单击"从下列位置选择命令"右侧的下拉箭头，选择"不在功能区中的命令"选项。

③ 在下方的列表框中选择"记录单"选项，然后单击"添加"按钮，将选定命令添加到右侧列表框中。

④ 单击"确定"按钮，将"记录单"按钮添加到"快速访问工具栏"中。

⑤ 选择数据清单中的任一单元格，在"快速访问工具栏"中单击"记录单"按钮，打开工作表"存款表"对话框。

⑥ 单击"新建"按钮，在字段名右侧的文本框中输入数据，如图 3-18 所示，单击"关闭"按钮，即可在数据清单尾部实现增加记录的功能，同时 Excel 会自动复制公式计算出该记录的"本息"字段值。

注意：如果"快速访问工具栏"已有"记录单"按钮，则直接从步骤⑤开始做。对于数据清单中定义了公式的字段，在"记录单"对话框中不能编辑，但当"记录单"对话框关闭时，Excel 会自动复制公式计算出被编辑记录的相应字段值。

2）删除记录

【操作要求】

在工作表"存款表"中，使用记录单删除账号为 gh07110140 的记录。

【操作步骤】

① 选择数据清单中的任一单元格，在"快速访问工具栏"中单击"记录单"按钮，打开工

图 3-18 "存款表"对话框

作表"存款表"的"记录单"对话框。

② 单击"条件"按钮,在"账号"字段名右侧的文本框中输入 gh07110140,然后单击"下一条"按钮,则"存款表"对话框中显示满足条件的记录,单击"删除"按钮,再单击"关闭"按钮。

3) 修改记录

【操作要求】

在工作表"存款表"中,使用记录单修改账号为 nh08030113 的记录,将存款人由"陈静"更改为"程静"。

【操作步骤】

① 选择数据清单中的任一单元格,在"快速访问工具栏"中单击"记录单"按钮,打开工作表"存款表"的"记录单"对话框。

② 重复单击"下一条"按钮,直至对话框中显示出账号 nh08030113 所在的记录,移动光标至"存款人"文本框处,将"陈静"更改为"程静",单击"关闭"按钮。

2. 复制工作表

【操作要求】

将工作表"存款表"复制 5 份,并分别命名为"存款表备份""自动筛选存款表 1""自动筛选存款表 2""高级筛选存款表"和"汇总存款表"。

【操作步骤】

右击工作表标签"存款表",在弹出的快捷菜单中选择"移动或复制"命令,打开"移动或复制工作表"对话框,在"下列选定工作表之前"列表框中选择"(移至最后)",再勾选"建立副本"复选框,如图 3-19 所示,然后单击"确定"按钮,便复制了一张与原内容完全相同的工作表"存款表(2)",再将其重命名为"存款表备份"。用同样的方法再复制另 4 张工作表并重命名。

3. 保护工作表

【操作要求】

保护工作表"存款表备份",使其内容只读。

【操作步骤】

① 选择工作表"存款表备份",使其成为当前工作表。

图 3-19 "移动或复制工作表"对话框

② 在"审阅"选项卡上的"更改"组中,单击"保护工作表"按钮,打开"保护工作表"对话框,输入密码并再次输入确认后保护生效。

4．筛选数据

1）利用列标题的下拉列表框进行自动筛选

【操作要求】

对工作表"自动筛选存款表 1"进行自动筛选,显示"工商银行"期限为 3 年的存款记录。

【操作步骤】

① 单击工作表标签"自动筛选存款表 1",选择数据清单中的任一单元格,在"数据"选项卡上的"排序和筛选"组中单击"筛选"按钮,此时数据清单的列标题全部变成下拉列表框。

② 单击"银行"右边下三角按钮 ▾ ,在下拉列表中选择"工商银行",此时数据清单只显示"工商银行"的记录。

③ 单击"期限"右边下三角按钮 ▾ ,在下拉列表中选择 3,此时数据清单显示的即是满足操作要求需查找的内容。

2）利用"自定义自动筛选方式"对话框进行自动筛选

【操作要求】

对工作表"自动筛选存款表 2"进行自动筛选,显示 2006～2007 年期间存入"中国银行"或"农业银行"的存款记录。

【操作步骤】

① 单击工作表标签"自动筛选存款表 2",选择数据清单中的任一单元格,在"数据"选项卡上的"排序和筛选"组中,单击"筛选"按钮。

② 单击"银行"右边下三角按钮 ▾ ,在下拉列表中选择"文本筛选"中的"自定义筛选"选项,打开"自定义自动筛选方式"对话框,在第一个条件选择框中选择"等于",在右侧框中选择"中国银行";选中"或"选项按钮;在第二个条件选择框中选择"等于",在右侧框中选择"农业银行",如图 3-20 所示,单击"确定"按钮。

③ 单击"存入日"右边下三角按钮 ▾ ,在下拉列表中选择"日期筛选"中的"自定义筛选"选项,打开"自定义自动筛选方式"对话框,在第一个条件选择框中选择"在以下日期之后或与之相同",在右侧框中直接输入"2006/1/1";选中"与"选项按钮;在第二个条件选择框中选择"在以下日期之前或与之相同",在右侧框中直接输入"2007/12/31",如图 3-21 所示,

图 3-20　银行"自定义自动筛选方式"对话框

单击"确定"按钮。

图 3-21　存入日"自定义自动筛选方式"对话框

3）高级筛选

【操作要求】

对工作表"高级筛选存款表"进行高级筛选，必须同时满足两个条件：条件一，期限为 1 或 5；条件二，金额大于等于 25 000 并且小于等于 30 000。

【操作步骤】

① 单击工作表标签"高级筛选存款表"，在工作表的第一行之前插入 4 行，作为高级筛选的条件区域。

② 在如图 3-15 所示的条件区域（A1:C3）输入筛选条件。

③ 选择数据清单中的任一单元格，在"数据"选项卡上的"排序和筛选"组中单击"高级"按钮，打开"高级筛选"对话框，选择"在原有区域显示筛选结果"，利用"压缩对话框"按钮确定数据清单区域和筛选条件区域。

④ 单击"确定"按钮，此时数据清单显示的即是满足操作要求需查找的内容。

5. 分类汇总

【操作要求】

对工作表"汇总存款表"进行分类汇总，计算各银行"金额""本息"合计，要求银行按"中国银行""建设银行""工商银行""农业银行"排序，银行相同时按"本息"从大到小排序，汇总结果显示在数据下方，并显示数据清单中所有的详细数据。

【操作步骤】

① 单击"文件"→"选项"命令，打开"Excel 选项"对话框，在左侧列表中选择"高级"选项，在右侧"常规"选项区域中单击"编辑自定义列表"按钮，在"自定义序列"对话框的"输入

序列"列表框中,输入4行文字"中国银行""建设银行""工商银行""农业银行",单击"添加"按钮,将其添加到左侧的"自定义序列"列表框中,先后两次单击"确定"按钮,分别关闭"自定义序列"对话框和"Excel选项"对话框。

② 单击工作表标签"汇总存款表",选择数据清单中的任一单元格,在"数据"选项卡上的"排序和筛选"组中,单击"排序"按钮,打开"排序"对话框,在"主要关键字"中,选择"银行"列,在"次序"下拉列表框中选择"自定义序列"选项,打开"自定义序列"对话框。

③ 在左侧的"自定义序列"列表框中,选择"中国银行,建设银行,工商银行,农业银行"次序,单击"确定"按钮返回"排序"对话框。

④ 单击"添加条件"按钮,在新增的"次要关键字"中,选择"本息"列,选择"降序"次序,单击"确定"按钮。

⑤ 选择数据清单中的任一单元格,在"数据"选项卡上的"分级显示"组中单击"分类汇总"按钮,打开"分类汇总"对话框。

⑥ 在"分类字段"下拉列表框中选择"银行"选项,在"汇总方式"下拉列表框中选择默认值"求和"选项,在"选定汇总项"列表框中勾选"金额""本息"复选框,单击"确定"按钮。

⑦ 在分级显示区单击 [2] 按钮,则只显示列标题、各个分类汇总结果和总计结果。

注意：在分类汇总前,数据清单必须先对分类字段进行排序,以保证分类汇总的行组合到一起,分类汇总一次只能选1个分类字段。

6. 建立数据透视表

【操作要求】

根据工作表"存款表"中的数据,建立数据透视表,按银行分别统计1年、3年、5年存款的"金额"之和、"本息"之和占该银行所有期限"金额"总和、"本息"总和的百分比,要求隐藏前两行,删除不必要的汇总行,结果保存在新建工作表"数据透视存款表"中。

【操作步骤】

① 单击工作表标签"存款表",选择数据清单中的任一单元格,在"插入"选项卡上的"表格"组中单击"数据透视表"按钮的下拉箭头,在下拉列表中选择"数据透视表"选项,打开"创建数据透视表"对话框。

② 确认数据源区域无误,选中"选择放置数据透视表的位置"的默认选项"新工作表",单击"确定"按钮,便在一张新工作表中显示空白数据透视表和"数据透视表字段列表"窗格。

③ 在"数据透视表字段列表"窗格中,将字段部分中的"银行"拖放到布局部分中的"行标签"区域,将字段部分中的"期限"拖放到布局部分中的"列标签"区域,将字段部分中的"金额""本息"分别拖放到布局部分中的"数值"区域。

④ 选择数据透视表"求和项:金额"数值区域中的任一单元格,在"数据透视表工具"的"选项"选项卡上,单击"计算"组中的"值显示方式"按钮,在下拉列表中选择"行汇总的百分比"选项;用同样的方法,对"求和项:本息"设置数据显示方式为"行汇总的百分比"。

⑤ 选择前两行,在"开始"选项卡上的"单元格"组中单击"格式"按钮,在下拉列表中选择"隐藏和取消隐藏"中的"隐藏行"选项;右击"求和项:金额汇总"H4单元格,在弹出的快捷菜单中选择"删除总计"命令,即删除汇总行。

⑥ 将"行标签"A5单元格内容更改为"银行";将"列标签"B3单元格内容更改

为"期限"。

⑦ 将生成的数据透视表更名为"数据透视存款表"。

五、思考与实践

(1) Excel 在排序时，允许用户一次最多使用几个主要关键字？若要将排好序的表恢复成原来次序，应如何操作？

(2) 本实验中"银行"按照自定义序列排序，它与普通排序有何区别？

(3) 数据管理中筛选的作用是什么？高级筛选与自动筛选有什么不同？如何取消筛选？

(4) 数据分类汇总与数据透视表有什么不同？如何删除分类汇总？

实验作业 3　Excel 2010 的操作与使用

一、实验作业目的

综合运用已学过的知识和技能，对 Excel 工作簿按要求进行操作。

二、实验作业准备

- 复习实验指导篇实验 7～实验 10 内容；
- 下载实验素材"实验作业 3"并解压缩至 D 盘；
- 启动 Excel 2010 应用程序。

三、实验作业任务

(1) 调入"实验作业 3"素材中的工作簿 ex1.xlsx，参考图 3-22 所示的样张，按下列要求进行操作，完成后将工作簿以原文件名保存。

① 在工作表"工资表"的首行前插入一行，将 A1:L1 单元格区域合并及居中，在其中添加文字"职工工资情况表"，设置字体为隶书、20 号、加粗、蓝色，并将背景填充为黄色；将 A2:L2 单元格区域文字设置为楷体、加粗、水平居中。

② 在工作表"工资表"中，根据部门号利用 IF 函数填充"部门名称"列，部门号（该列为数值型数据）与部门名称的对应关系是：10 对应"科技处"；20 对应"财务处"；30 对应"人事处"，结果显示在 B3:B37 单元格区域中。

③ 在工作表"工资表"中，利用公式计算每位职工的实发工资（实发工资＝基本工资＋奖金－个人税－水电费），结果设置为保留 1 位小数的数值格式，并显示在 K3:K37 单元格区域中。

④ 在工作表"工资表"中，利用 RANK.EQ 函数按实发工资计算出每个职工的排名，要求使用绝对地址引用必要的单元格，结果显示在 L3:L37 单元格区域中。

⑤ 将工作表"工资表"复制 4 份，并分别命名为"工资表备份""汇总工资表""自动筛选工资表""高级筛选工资表"。

⑥ 在工作表"工资表"中，设置 A2:L37 单元格区域的外框线为最粗蓝色实线、内框线

为最细红色实线。

⑦ 为工作表"工资表"设置条件格式，前10名的排名设置为红色、加粗、黄色背景，工作表格式化的结果如图3-22所示。

	A	B	C	D	E	F	G	H	I	J	K	L
1						职工工资情况表						
2	部门号	部门名称	姓名	性别	出生年月	职称	基本工资	奖金	个人税	水电费	实发工资	排名
3	10	科技处	赵志军	男	1957/6/25	高工	1150	411	176.6	90	1294.3	12
4	20	财务处	于铭	女	1979/10/21	助工	500	471	208.9	91	670.8	31
5	30	人事处	许炎锋	女	1954/3/8	高工	1250	630	306.2	96	1478.2	8
6	10	科技处	王嘉	女	1971/6/6	工程师	850	475	100.3	89	1136.1	19
7	30	人事处	李新江	男	1962/10/2	高工	950	399	49.5	87	1212.6	15
8	20	财务处	郭海英	女	1963/2/7	高工	950	332	77.6	85	1119.5	22
9	30	人事处	马淑恩	女	1960/6/9	工程师	900	791	60.5	45	1585.0	3
10	10	科技处	王金科	男	1956/9/10	高工	1050	480	325.6	93	1111.2	23
11	10	科技处	李东慧	女	1950/8/7	高工	1350	364	52.3	94	1567.9	5
12	30	人事处	张宁	女	1980/1/1	助工	500	395	78	89	727.8	29
13	20	财务处	王孟	男	1966/9/8	工程师	800	463	220.3	98	944.9	28
14	30	人事处	马会爽	女	1970/2/9	工程师	800	368	101.1	69	997.4	26
15	30	人事处	史晓赟	女	1952/6/6	高工	1200	539	520.3	50	1168.4	17
16	10	科技处	刘燕凤	女	1959/8/7	高工	1200	892	180.9	86	1825.2	2
17	30	人事处	齐飞	男	1961/4/5	高工	1200	626	245.6	74	1506.8	7
18	20	财务处	张娟	女	1975/9/25	助工	650	374	625.3	86	312.4	35
19	10	科技处	潘成文	男	1965/10/9	工程师	950	402	105	90	1156.7	18
20	30	人事处	邢易	女	1981/2/25	助工	600	325	300	90	535.0	33
21	20	财务处	谢臭豪	男	1950/11/18	高工	1350	516	200	90	1576.3	4
22	30	人事处	胡洪静	女	1952/6/24	高工	1350	277	100	86	1441.5	9
23	30	人事处	李云飞	男	1969/5/4	工程师	960	729	56	89	1543.8	6
24	20	财务处	张奇	女	1970/5/28	工程师	960	331	69	89	1133.3	20
25	10	科技处	夏小波	女	1968/8/1	工程师	960	482	89	45	1308.2	11
26	30	人事处	王玮	女	1972/11/5	工程师	960	340	98	79	1123.3	21
27	10	科技处	张帝	女	1950/3/26	高工	1300	335	124	90	1420.5	10
28	20	财务处	孙帅	男	1966/5/24	工程师	900	748	326	79	1242.8	14
29	30	人事处	卜辉娟	女	1960/5/23	高工	960	481	651	78	711.7	30
30	30	人事处	李辉玲	女	1978/9/9	助工	630	379	400	77	531.8	34
31	10	科技处	刘亚静	男	1969/8/2	工程师	890	377	23	66	1178.2	16
32	30	人事处	尹娴	女	1958/6/9	高工	1050	955	59	65	1881.3	1
33	20	财务处	马春英	男	1964/12/6	工程师	850	387	78	69	1089.7	24
34	30	人事处	孟梦	女	1965/8/9	工程师	850	753	485.6	93	1024.5	25
35	30	人事处	梁晓萌	女	1975/6/9	助工	650	551	136.5	99	965.1	27
36	10	科技处	张然	女	1973/3/3	工程师	800	761	203.1	100	1258.3	13
37	30	人事处	彭雁南	男	1978/5/9	助工	650	200	200	90	560.0	32

图3-22　工作表格式化样张

⑧ 在工作表"汇总工资表"中，按照职称进行分类汇总，计算实发工资、排名的平均值，汇总结果显示在数据下方，并隐藏数据清单中所有的详细数据，分类汇总的结果如图3-23所示。

	A	B	C	D	E	F	G	H	I	J	K	L
1						职工工资情况表						
2	部门号	部门名称	姓名	性别	出生年月	职称	基本工资	奖金	个人税	水电费	实发工资	排名
17						高工 平均值					1379.7	12.5
32						工程师 平均值					1194.4	18.92857
40						助工 平均值					614.7	33.57143
41						总计平均值					1152.6	19.28571

图3-23　分类汇总样张

⑨ 根据工作表"汇总工资表"中的F17:F40及K17:K40单元格区域数据，参考图3-24所示的样张，绘制3种职称"实发工资平均值"的"堆积圆柱图"，以独立图表插入到新建工作表"平均工资图表"中，要求系列产生在列，不显示图例，图表标题为"各职称实发工资平均

值",其字体格式为楷体、20号、红色,数值轴刻度主要刻度单位为100,背景墙的填充效果为
"羊皮纸"纹理,基底的填充效果为"花束"纹理。

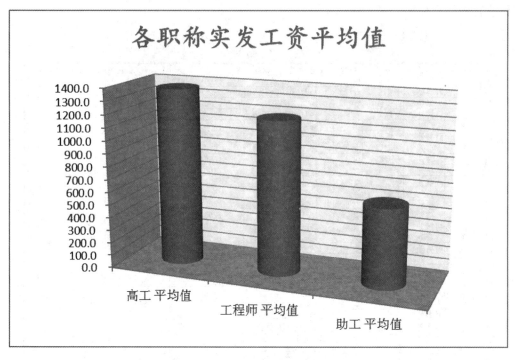

图 3-24　"实发工资平均值"图表样张

⑩ 参考图 3-25 所示的样张,对工作表"自动筛选工资表"进行自动筛选,必须同时满足
两个条件:条件一,部门名称为"科技处"或"财务处";条件二,姓"张"的职工。

	A	B	C	D	E	F	G	H	I	J	K	L
1					职工工资情况表							
2	部门	部门名	姓名	性别	出生年月	职称	基本工	奖金	个人	水电	实发工	排名
18	20	财务处	张娟	女	1975/9/25	助工	650	374	625.3	86	312.4	35
24	20	财务处	张奇	女	1970/5/28	工程师	960	331	69	89	1133.3	20
27	10	科技处	张帝	女	1950/3/26	高工	1300	335	124	90	1420.5	10
36	10	科技处	张然	女	1973/3/3	工程师	800	761	203.1	100	1258.3	13

图 3-25　"职工工资"自动筛选样张

⑪ 参考图 3-26 所示的样张,对工作表"高级筛选工资表"进行高级筛选,必须同时满足
两个条件:条件一,职称为"高工"或"工程师";条件二,实发工资大于等于1200并且小于等
于1350。

5	部门号	部门名称	姓名	性别	出生年月	职称	基本工资	奖金	个人税	水电费	实发工资	排名
5					职工工资情况表							
6	部门号	部门名称	姓名	性别	出生年月	职称	基本工资	奖金	个人税	水电费	实发工资	排名
7	10	科技处	赵志军	男	1957/6/25	高工	1150	411	176.6	90	1294.3	12
11	30	人事处	李新江	男	1962/10/2	高工	950	399	49.5	87	1212.6	15
29	10	科技处	夏小波	女	1968/8/1	工程师	960	482	89	45	1308.2	11
32	20	财务处	孙帅	男	1966/5/24	工程师	900	748	326	79	1242.8	14
40	10	科技处	张然	女	1973/3/3	工程师	800	761	203.1	100	1258.3	13

图 3-26　"职工工资"高级筛选样张

⑫ 参考图 3-27 所示的样张，根据工作表“工资表备份”提供的数据，建立数据透视表，按照部门名称统计各种职称男女职工的人数，要求隐藏数据透视表前两行，结果保存在工作表“部门人员统计表”中。

	A	B	C	D	E
3	计数项:姓名	职称			
4	部门名称	高工	工程师	助工	总计
5	⊟财务处	2	4	2	8
6	男		3		3
7	女	2	1	2	5
8	⊟科技处	5	5		10
9	男	2	2		4
10	女	3	3		6
11	⊟人事处	7	5	5	17
12	男	2	1	1	4
13	女	5	4	4	13
14	总计	14	14	7	35

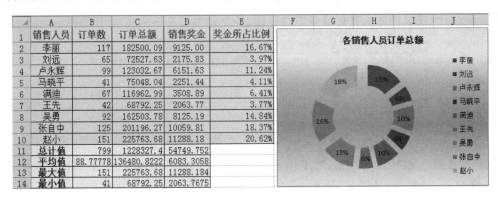

图 3-27 “部门人员统计”数据透视表样张

(2) 调入“实验作业 3”素材中的工作簿 ex2.xlsx，参考图 3-28 所示的样张，按下列要求进行操作，完成后将工作簿以原文件名保存。

	A	B	C	D	E
1	销售人员	订单数	订单总额	销售奖金	奖金所占比例
2	李丽	117	182500.09	9125.00	16.67%
3	刘远	65	72527.63	2175.83	3.97%
4	卢永辉	99	123032.67	6151.63	11.24%
5	马晓平	41	75048.04	2251.44	4.11%
6	满迪	67	116962.99	3508.89	6.41%
7	王先	42	68792.25	2063.77	3.77%
8	吴勇	92	162503.78	8125.19	14.84%
9	张自中	125	201196.27	10059.81	18.37%
10	赵小	151	225763.68	11288.18	20.62%
11	总计值	799	1228327.4	54749.752	
12	平均值	88.77778	136480.8222	6083.3058	
13	最大值	151	225763.68	11288.184	
14	最小值	41	68792.25	2063.7675	

图 3-28 统计分析样张

① 在工作表“销售表”中，根据订单号利用 IF 和 MID 函数填充“国家”列，订单号(该列为文本型数据)与国家的对应关系是：以“10”开头的“订单号”代表在“中国”销售；以“20”开头的“订单号”代表在“美国”销售，结果显示在 A2:A800 单元格区域中。

② 在工作表“统计分析表”中，利用 COUNTIF 函数计算每位销售人员的订单数，要求使用绝对地址引用必要的单元格，结果显示在 B2:B10 单元格区域中。

③ 在工作表“统计分析表”中，利用 SUMIF 函数计算每位销售人员的订单总额，要求使用绝对地址引用必要的单元格，结果显示在 C2:C10 单元格区域中。

④ 在工作表“统计分析表”中，利用 IF 和 OR 函数计算每位销售人员的销售奖金，销售奖金发放的方法是：如果某销售员的订单数大于等于 90 或订单总额大于等于 180000，那么销售奖金为其订单总额的 5%，否则销售奖金为其订单总额的 3%，结果设置为保留 2 位小数的数值格式，并显示在 D2:D10 单元格区域中。

⑤ 在工作表“统计分析表”中，利用 SUM 函数计算所有销售人员的订单数、订单总额、销售奖金的总计值，结果显示在 B11:D11 单元格区域中。

⑥ 在工作表"统计分析表"中,利用 AVERAGE 函数计算所有销售人员的订单数、订单总额、销售奖金的平均值,结果显示在 B12:D12 单元格区域中。

⑦ 在工作表"统计分析表"中,利用 MAX 函数计算所有销售人员的订单数、订单总额、销售奖金的最大值,结果显示在 B13:D13 单元格区域中。

⑧ 在工作表"统计分析表"中,利用 MIN 函数计算所有销售人员的订单数、订单总额、销售奖金的最小值,结果显示在 B14:D14 单元格区域中。

⑨ 在工作表"统计分析表"中,使用公式计算每位销售人员的销售奖金占销售奖金总计的比例,要求使用绝对地址引用必要的单元格,结果设置为保留 2 位小数的百分比格式,并显示在 E2:E10 单元格区域中。

⑩ 根据工作表"统计分析表"中的 A1:A10 及 C1:C10 单元格区域数据,生成一张"分离型圆环图",嵌入当前工作表中,要求系列产生在列,数据标签显示百分比,图表区的填充效果预设为"麦浪滚滚",图表标题为"各销售人员订单总额",其字体格式为黑体、字号 12,数据标签和图例的字号均为 10,工作表"统计分析表"的结果如图 3-28 所示。

⑪ 将工作表"销售表"复制两份,并分别命名为"汇总销售表""筛选销售表"。

⑫ 参考图 3-29 所示的样张,在工作表"汇总销售表"中,按照国家进行分类汇总,计算订单金额合计,要求只显示数据清单中列标题、各个分类汇总结果和总计结果。

		A	B	C	D	E
	1	国家	销售人员	订购日期	订单号	订单金额
+	584	美国 汇总				892127.86
+	802	中国 汇总				336199.54
-	803	总计				1228327.40

图 3-29 "订单金额"分类汇总样张

⑬ 参考图 3-30 所示的样张,对工作表"筛选销售表"进行自动筛选,必须同时满足两个条件:条件一,订单号不以"20"开头;条件二,订单金额大于等于 10000 或者小于等于 50。

	A	B	C	D	E
1	国家 ▼	销售人员 ▼	订购日期 ▼	订单号 ▼	订单金额 ▼
25	中国	刘远	2009/8/30	10024	48.00
340	中国	马晓平	2010/7/9	10339	23.80
536	中国	马晓平	2010/12/22	10535	12.50
643	中国	马晓平	2011/2/23	10642	11380.00
781	中国	满迪	2011/4/27	10780	12615.05

图 3-30 "销售订单"自动筛选样张

⑭ 参考图 3-31 所示的样张,根据工作表"销售表"提供的数据,建立数据透视表,按照季度统计每位销售人员的订单总额,要求隐藏数据透视表前两行,删除不必要的总计行、总计列,结果保存在工作表"季度销售统计表"中。

主要操作步骤提示:在"数据透视表字段列表"窗格中,将字段部分中的"订购日期"拖放到布局部分中的"行标签"区域,将字段部分中的"销售人员"拖放到布局部分中的"列标签"区域,将字段部分中的"订单金额"拖放到布局部分中的"数值"区域;右击数据透视表"行标签"中的任一项(即 A5:A388 单元格区域中的任一单元格),在弹出的快捷菜单中选择"创建组"命令,打开"分组"对话框,在"步长"列表框中先单击"月"以取消该项选择,再单击

"季度"选项,最后单击"确定"按钮。

	A	B	C	D	E	F	G	H	I	J
3	求和项:订单金额	销售人员▾								
4	订购日期 ▾	李丽	刘远	卢永辉	马晓平	满迪	王先	吴勇	张自中	赵小
5	第一季	44236.82	18903.29	47023.08	32480.01	34865.82	22719.01	48316.94	90204.43	81283.77
6	第二季	45362.53	18106.66	28573.82	14919.71	38584.08	6857.67	58778.29	50948.79	33357.38
7	第三季	41287.39	14276.39	20689.99	9649.35	21949.93	16034.62	20292.4	17304.26	46821.04
8	第四季	51613.35	21241.29	26745.78	17998.97	21563.16	23180.95	35116.15	42738.79	64301.49

图 3-31 "季度销售统计"数据透视表样张

第 4 单元 演示文稿制作软件 PowerPoint 2010

实验 11 演示文稿的制作与编辑

一、实验目的

- 熟悉 PowerPoint 操作界面的组成;
- 掌握 PowerPoint 演示文稿的创建、打开、保存;
- 掌握幻灯片版式的设置方法;
- 掌握图片对象、艺术字、图形、表格等的插入方法;
- 掌握声音、影片多媒体对象的插入方法;
- 掌握超链接的设置方法;
- 掌握幻灯片的简单放映。

二、实验准备

- 学习《大学计算机基础教程》第 7.1~7.2 节和第 7.4 节相关内容;
- 下载实验素材"实验 11"并解压缩至 D 盘;
- 启动 PowerPoint 2010 应用程序。

三、实验内容

创建文件名为"美丽南审"的简单演示文稿,制作完成的演示文稿如图 4-1 所示。

四、实验步骤

1. 创建新演示文稿

【操作要求】

创建一个新的演示文稿,包括 11 张幻灯片。设置第一张幻灯片的标题和副标题。

【操作步骤】

① 单击"开始"菜单→"所有程序"→ Microsoft Office → Microsoft PowerPoint 2010 命令,新建一个空白的演示文稿。

② 在空白的演示文稿上,标题占位符中输入标题"美丽南审"。选中输入的文本,在"开始"选项卡"字体"组中单击"字体"下拉按钮,在字体列表中选择"华文隶书";单击"字号"下拉按钮,在下拉列表中选择 80;单击"加粗"按钮**B**,单击"字体颜色"下拉按钮 **A ▾** 在"标准

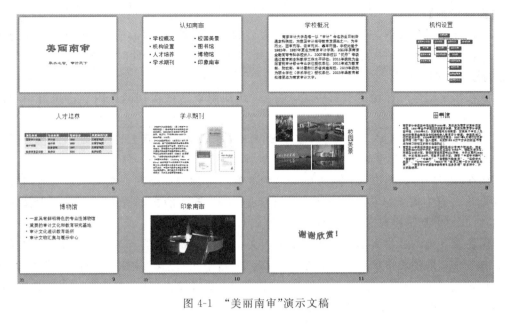

图 4-1 "美丽南审"演示文稿

色"栏中选择"蓝色"。

③ 在副标题占位符中输入副标题"取水之智，审计天下"，参照步骤②，设置字体为"隶书"，字号为 32，字体颜色为蓝色。

④ 在左侧"幻灯片/大纲"窗格中，右击，在弹出的快捷菜单中选择"新建幻灯片"命令，可新建一张幻灯片；或者在"幻灯片/大纲"窗格中选中幻灯片的缩略图，按 Enter 键也可新建一张幻灯片；或者在"开始"选项卡"幻灯片"组中单击"新建幻灯片"按钮，也可新建幻灯片。

⑤ 参照步骤④新建幻灯片，使得该演示文稿包含 11 张幻灯片。

2. 选择版式，编辑演示文稿的文字

【操作要求】

第 2 张幻灯片选择"两栏内容"版式，并输入如图 4-2 所示的文字内容，字体为黑色 40 号黑体字。设置第 3 张幻灯片，幻灯片中的文本来自"实验 9"素材中的文件"第 3 张.txt"。

图 4-2　第 2 张幻灯片

【操作步骤】

① 在"幻灯片/大纲"窗格中,选中编号为 2 的幻灯片的缩略图,右击,在弹出的快捷菜单中选择"版式"命令,在"版式"子菜单中,选择"两栏内容"版式。此时工作区中当前幻灯片就是编号为 2 的幻灯片。

② 在当前幻灯片标题占位符中输入标题"认知南审",依次在两栏内容占位符中输入图 4-2 所示文本。

③ 选中左侧第一栏内容文本框,按住 Shift 键,再选中右侧第二栏文本框后,在"开始"选项卡"字体"组中设置字体为黑体,字号为 40 号字。

④ 在"幻灯片/大纲"窗格中,选中编号为 3 的幻灯片的缩略图。在工作区当前幻灯片中,标题占位符中输入标题"学校概况"。内容占位符中输入的文本请从"实验 11"素材文件"第 3 张.txt"中复制所有文本,粘贴到第 3 张幻灯片中。

⑤ 在第 3 张幻灯片文本框中选中复制的文字,在"开始"选项卡"段落"组中单击"项目符号"按钮▤,取消段落项目符号。单击"段落"组右下角"段落"按钮▣,打开"段落"对话框。选择"缩进和间距"选项卡,"特殊格式"设置为"首行缩进","度量值"为"2 字符","行距"为"单倍行距",其余默认,单击"确定"按钮。

3. 插入 SmartArt 图形

【操作要求】

在第 4 张幻灯片中插入 SmartArt 图形,选择"水平层次结构",创建学校机构设置图,如图 4-3 所示。

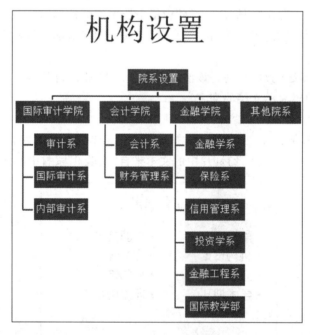

图 4-3 第 4 张幻灯片样张

【操作步骤】

① 在"幻灯片/大纲"窗格中,选中编号为 4 的幻灯片的缩略图,在工作区标题占位符中

输入标题"机构设置"。

② 在"插入"选项卡"插图"组中，单击"SmartArt"按钮，打开"选择 SmartArt 图形"对话框。在"选择 SmartArt 图形"对话框中，如图 4-4 所示，左侧选择"层次结构"组，中间选择"组织结构图"图形，单击"确定"按钮完成插入。

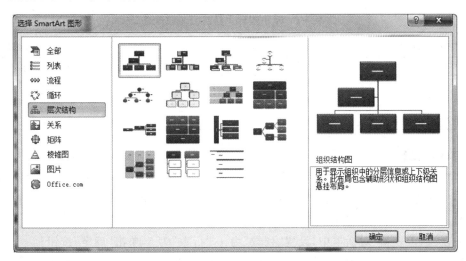

图 4-4 "选择 SmartArt 图形"对话框

③ 在工作区当前幻灯片中，如图 4-5 所示，在"组织结构图"左侧"文本"窗格中，单击窗格中的"[文本]"，然后键入文本，键入的文本自动显示在右侧图形中。在"[文本]"框中输入文字后，单击 Enter 键，系统就会自动在"[文本]"窗格中增加同一级别的文本框。将光标置于"[文本]"框，在"SmartArt 工具-设计"选项卡"创建图形"组，通过单击"升级"和"降级"按钮调整文本在图中的层次。参照图 4-5 在"文本"窗格中输入文本。

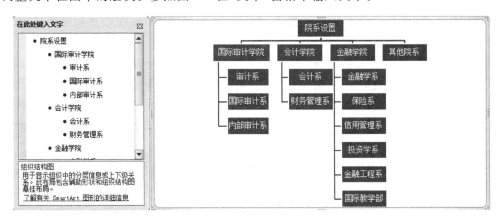

图 4-5 在 SmartArt 图形中输入文本

④ 适当调整图形中文本框的宽度与高度。在幻灯片结构图中按住 Shift 键选中同一个层次的文本框，在"SmartArt 工具-格式"选项卡的"大小"组中，可以使用微调框，设置图形中文本框的高度和宽度。例如，按住 Shift 键选中"金融学院"下设的各系部文本框，在"SmartArt 工具-格式"选项卡的"大小"组中设置"宽度"为 3.14cm。

演示文稿制作软件 *PowerPoint 2010*

4. 插入表格

【操作要求】

在第 5 张幻灯片中插入表 4-1 所示的表格,并设置表格样式为"深色样式 2-强调 1/强调 2",设置表格的内侧框线、上框线和下框线。

表 4-1　南京审计大学部分专业设置

学院名称	专业名称	招生年份	所属学科门类
国际审计学院	审计学	1993	工商管理类
会计学院	会计学	1993	工商管理类
	财务管理	1997	工商管理类
经济与贸易学院	经济学	2000	经济学类

【操作步骤】

① 在"幻灯片/大纲"窗格中,选中编号为 5 的幻灯片的缩略图。单击幻灯片中内容占位符"插入表格"图标▦(或者在"插入"选项卡"表格"组中,单击"表格"按钮,在下拉列表中选择"插入表格"),打开"插入表格"对话框。

② 在"插入表格"对话框中,设置"列数"为 4,"行数"为 5,单击"确定"按钮。

③ 通过鼠标拖曳选中第 3 行第 1 列和第 4 行第 1 列单元格,在"表格工具-布局"选项卡"合并"组中单击"合并单元格"按钮。在"表格工具-布局"选项卡"对齐方式"组中单击"垂直居中"按钮▤。

④ 按照表 4-1 中的内容,依次向单元格中输入文字。在幻灯片的标题占位符中输入标题"人才培养"。

⑤ 将光标置于表格中,在"表格工具-设计"选项卡"表格样式"组中单击样式列表右下角的"其他"按钮▾,在下拉列表中列出"文档的最佳匹配对象""淡""中""深"4 类表格样式,选择"深"栏下的"深色样式 2-强调 1/强调 2"样式(光标悬浮于样式上会出现浮动提示,可看见样式名)。

⑥ 将光标置于表格中,在"表格工具-布局"选项卡"表"组中单击"选择"按钮,在列表中选择"选择表格"。在"表格工具-设计"选项卡的"绘图边框"组中单击"笔颜色"按钮,在下拉列表中选择"主题颜色"栏下的"白色,背景 1"。单击"笔样式"按钮,在下拉列表中选择边框线的线型"实线"。单击"笔画粗细"按钮,在下拉列表中选择线条宽度 1.5 磅。然后在"表格样式"组中单击"边框"下拉按钮,选择"内部框线"。

⑦ 参照步骤⑥,选中表格后设置表格上框线和下框线颜色为"标准色"栏下"红色"、2.25 磅、实线,效果如图 4-6 所示。

5. 插入图片

【操作要求】

将第 6 张幻灯片的版式设置为"两栏内容",并在右侧内容区插入图片"学术期刊.jpg"。幻灯片中的文字内容来源自"实验 11"素材中的"第 6 张.txt"。修改第 7 张幻灯片版式为"垂直排列标题与文本",将"实验 11"素材中"校园风景"文件夹下的 4 张图片插入到第 7 张幻灯片中。

人才培养

学院名称	专业名称	招生年份	所属学科门类
国际审计学院	审计学	1993	工商管理类
会计学院	会计学	1993	工商管理类
	财务管理	1997	工商管理类
经济与贸易学院	经济学	2000	经济学类

图 4-6　第 5 张幻灯片样张

【操作步骤】

① 在"幻灯片/大纲"窗格中,选中编号为 6 的幻灯片缩略图,右击,在弹出的快捷菜单中选择"版式"命令。在"版式"子菜单中,选择"两栏内容"。

② 在工作区当前幻灯片标题占位符中输入"学术期刊",打开"实验 11"素材中的文件"第 6 张.txt",将文档中的文字复制粘贴到幻灯片内容区左栏中。选中左栏文本框,在"开始"选项卡"字体"组中设置字号为 16。

③ 在幻灯片右栏内容占位符中,单击图标 ☰ ,打开"插入图片"对话框。选择"实验 11"素材中的图片文件"学术期刊.jpg",单击"插入"按钮。

④ 在"幻灯片/大纲"窗格中,选中编号为 7 的幻灯片缩略图,右击,在弹出的快捷菜单中选择"版式"命令。在"版式"子菜单中,选择"垂直排列标题与文本"版式。

⑤ 在工作区当前幻灯片标题占位符中输入"校园美景"。在"插入"选项卡"图像"组中单击"图片"按钮,打开"插入图片"对话框。在对话框中,设置好文件夹"实验 11"路径后,按住 Shift 键依次选中"校园风景 1.jpg""校园风景 2.jpg""校园风景 3.jpg""校园风景 4.jpg",单击"插入"按钮,4 张图片插入到第 7 张幻灯片中。参照图 4-7 所示适当调整图片的位置和大小。

图 4-7　第 7 张幻灯片放映效果

136

6. 插入音频

【操作要求】

在第 8 张幻灯片中,插入"实验 11"素材中的音频文件"南审之歌.wma",并设置该文件在放映该幻灯片时自动开始播放,放映时不显示音频图标。

【操作步骤】

① 在"幻灯片/大纲"窗格中,选中编号为 8 的幻灯片缩略图。在工作区当前幻灯片标题占位符中输入"图书馆",文本内容来自于"实验 11"素材中的文本文件"第 8 张.txt",将其中的图书馆介绍内容复制粘贴到幻灯片内容占位符中。

② 选择"插入"选项卡,在"媒体"组中单击"音频"下拉按钮,在下拉列表中选择"文件中的音频"选项,打开"插入音频"对话框,设置"实验 11"路径,选择"南审之歌.wma",单击"插入"按钮。

③ 在幻灯片上,选中声音图标,选择"音频工具-播放"选项卡,在"音频选项"组中的"开始"列表中选择"自动"播放选项,并勾选"放映时隐藏"复选框。

7. 设置动画

【操作要求】

在第 9 张幻灯片中,输入标题和文本,并设置文本部分的动画为"进入""飞入""自左侧"。动画播放时伴随"打字机"音效。

【操作步骤】

① 在"幻灯片/大纲"窗格中,选中编号为 9 的幻灯片缩略图。在工作区当前幻灯片标题占位符中输入"博物馆"。

② 在内容占位符中输入图 4-8 所示的文本内容。

③ 选中内容文本框,在"动画"选项卡"高级动画"组中单击"添加动画"按钮,展开动画效果下拉列表,选择"进入"栏下的"飞入"效果;若"进入"栏下无"飞入"效果,则选择下方"更多进入效果"命令,在打开的"添加进入效果"对话框中,选择"基本型"栏下的"飞入",单击"确定"按钮。

④ 选中内容文本框,在"动画"选项卡"动画"组中单击右侧的"效果选项"按钮,在下拉列表中选择"自左侧"选项。

⑤ 在"动画"选项卡"高级动画"组中单击"动画窗格"按钮,在工作区右侧打开了窗格。如图 4-9 所示,在窗格中单击动作右侧下拉按钮,在下拉列表中选择"效果选项",打开"飞入"对话框。

博物馆
- 一家具有鲜明特色的专业性博物馆
- 重要的审计文化和教育研究基地
- 审计文化通识教育场所
- 审计文物汇集与展示中心

图 4-8　第 9 张幻灯片中的文本　　　　　图 4-9　动画窗格

⑥ 在对话框当前选项卡"增强"栏下单击"声音"左侧的下拉按钮,在下拉列表中选择"打字机",单击"确定"按钮。

⑦ 在"动画"选项卡"计时"组中设置"开始"为"上一动画之后","延迟"为 0.5s。

8. 插入视频

【操作要求】

在第 10 张幻灯片中插入"实验 11"素材中的视频文件"印象南审.avi",并设置视频文件自动播放。

【操作步骤】

① 在"幻灯片/大纲"窗格中,选中编号为 10 的幻灯片缩略图。在工作区当前幻灯片标题占位符中输入"印象南审"。

② 单击内容占位符"插入媒体剪辑"图标 🎬(或者在"插入"选项卡"媒体"组中,单击"视频"按钮),打开"插入视频文件"对话框。

③ 在对话框中,设置"实验 11"路径,选择视频文件"印象南审.avi",单击"插入"按钮。

④ 在当前幻灯片中,选择视频图标,在"视频工具-播放"选项卡"视频选项"组中单击"开始"下拉按钮,在列表中选择"自动"播放选项。

9. 插入艺术字

【操作要求】

在第 11 张幻灯片中插入艺术字"谢谢欣赏!"。

【操作步骤】

① 在"幻灯片/大纲"窗格中,选中编号为 11 的幻灯片缩略图。在"插入"选项卡"文本"组中单击"艺术字"按钮,弹出艺术字样式列表,在列表中选择第 3 行第 4 列中的"渐变填充-蓝色,强调文字颜色 1",幻灯片中出现指定样式的艺术字编辑框。

② 在艺术字编辑框中删掉原有文本并输入艺术字文本"谢谢欣赏!"。

③ 选择艺术字,在"绘图工具-格式"选项卡"艺术字样式"组中单击"文本效果"按钮,在下拉列表中选择"转换",在出现的转换列表中选择"弯曲"栏下第 2 行第 2 列"正 V 形"。

10. 保存演示文稿

【操作要求】

将编辑好的演示文稿保存在 D 盘"实验 11"素材文件夹下,保存的文件名为"美丽南审",文件类型为"演示文稿(∗.pptx)"。

【操作步骤】

在"文件"选项卡中选择"保存"命令,在打开的对话框中,选择"实验 11"文件夹路径,输入文件名"美丽南审",文件类型选择为默认的"演示文稿(∗.pptx)",单击"保存"按钮(文件作为实验 12 的素材)。

11. 放映演示文稿

【操作要求】

从第 1 张开始放映演示文稿"美丽南审"。

【操作步骤】

选择"幻灯片放映"选项卡,在"开始放映幻灯片"组中单击"从头开始"按钮,进入幻灯片放映视图,单击鼠标将切换至下一页放映。若要中途退出放映,按 Esc 键退出放映视图。

五、思考与实践

1. PowerPoint 2010 有几种视图方式?
2. 如何删除和插入幻灯片?
3. 如何调整幻灯片的位置?
4. 尝试将实验 11 中制作的演示文稿补充得更加完善。

实验 12　演示文稿的个性化

一、实验目的

- 掌握幻灯片主题设置、母版的使用方法;
- 掌握幻灯片配色方案的设置方法;
- 掌握超链接的设置方法;
- 掌握添加、修改动画的方法;
- 掌握幻灯片页码、日期的设置方法;
- 掌握幻灯片切换方式的设置方法;
- 掌握幻灯片放映的高级技巧。

二、实验准备

- 学习《大学计算机基础教程》第 7.3 节和第 7.5~7.6 节相关内容;
- 将已完成实验任务的"实验 11"文件夹复制到 D 盘,重命名为"实验 12";
- 启动 PowerPoint 2010 应用程序。

三、实验内容

参照图 4-10 所示修改"实验 12"中的作品"美丽南审. pptx",创建个性化演示文稿。

四、实验步骤

1. 设置幻灯片主题

【操作要求】

打开"实验 12"中的"美丽南审.pptx",设置第 2~11 张幻灯片主题为"夏至",并设置其背景样式为"样式 9"。设置第 1 张幻灯片主题为"暗香铺面"。

【操作步骤】

① 在"文件"选项卡中选择"打开"命令,在弹出的"打开"对话框中,设置好"实验 12"路径后,选择"美丽南审.pptx",单击"打开"按钮。

② 当前默认幻灯片是编号为 1 的幻灯片。选择"设计"选项卡,在"主题"组中单击"其他"按钮 ▼ 展开主题列表,在列表中选择"夏至"。

说明:在主题列表中,将光标悬浮于主题缩略图上,稍作停顿就能看到主题名浮动提示。主题缩略图是按照主题名拼音排序的。选择主题后,默认是应用于所有幻灯片。

图 4-10 "实验 12"中"美丽南审.pptx"

③ 在"背景"组中单击"背景样式"按钮,在背景样式列表中选择"样式 9"。

④ 确定在"幻灯片/大纲"窗格中,当前依旧选中的是编号为 1 的幻灯片缩略图。在"设计"选项卡"主题"组中单击"其他"按钮 ▽ 展开主题列表,在列表中右击"暗香扑面",在弹出的快捷菜单中选择"应用于选定幻灯片"。

注意:用户也可以试着先设置第 1 张幻灯片主题,再设置其余幻灯片主题和背景样式。

2. 设置超链接

【操作要求】

为第 2 张幻灯片中的两栏文本创建超链接,分别链接到对应标题的幻灯片上,并修改超链接文字的颜色。

【操作步骤】

① 在"幻灯片/大纲"窗格中,选中编号为 2 的幻灯片缩略图。在工作区当前幻灯片中选中左栏中内容"学校概况",在"插入"选项卡"链接"组中单击"超链接"按钮(或者选中文本内容后右击,在弹出的快捷菜单中选择"超链接"命令),打开"插入超链接"对话框。

② 在打开的"插入超链接"对话框中,单击"本文档中的位置",在"请选择文档中的位置"列表中选择"幻灯片标题"→"3.学校概况",如图 4-11 所示,单击"确定"按钮。

③ 参照步骤①、②,依次选中第 2 张幻灯片的两栏中文本,为其设置超链接,链接至后续相应标题幻灯片。

说明:放映第 2 张幻灯片,单击带有链接的文本,结束放映,继续编辑第 2 张幻灯片,观察当前文本颜色变化。

④ 在"设计"选项卡"主题"组中单击"颜色"按钮,弹出菜单,选择下方"新建主题颜色"命令,打开"新建主题颜色"对话框。

⑤ 在"新建主题颜色"对话框中,设置"超链接"文字颜色为"主题颜色"栏下"黑色,背景 1,淡色 15%","已访问的超链接"文字颜色为"主题颜色"栏下"白色,文字 1,深色 50%",为"名称"输入"美丽南审",单击"保存"按钮。

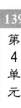

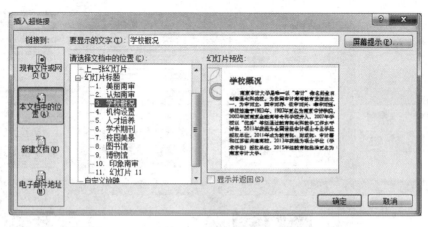

图 4-11　"插入超链接"对话框

3. 修改母板

【操作要求】

参照图 4-10 所示，利用母版，在幻灯片右下角插入图片 nau.jpg，并为幻灯片（第 2～10 张）设置日期与幻灯片编号。

【操作步骤】

① 在"视图"选项卡的"母版视图"组中，单击"幻灯片母版"按钮，切换到"幻灯片母版"视图。在左侧窗格中选择图 4-12 所示的大的母版缩略图，其浮动提示为"夏至 幻灯片母版：由幻灯片 2-11 使用"。

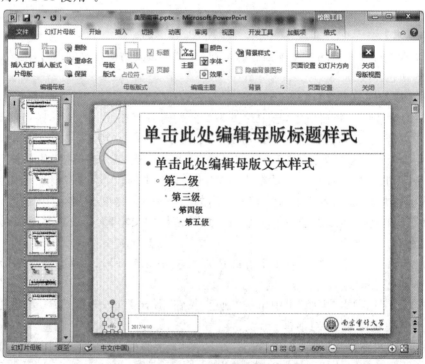

图 4-12　"美丽南审"幻灯片母版

② 在"插入"选项卡"图像"组中单击"图片"按钮,打开"插入图片"对话框,设置"实验12"所在路径,选择图片文件 nau.jpg,单击"插入"按钮。

③ 选中图片,可通过拖拉控点调整图片大小。在"图片工具-格式"选项卡"大小"组中单击右下角"大小和位置"按钮 ⊡,打开"设置图片格式"对话框,取消勾选"锁定纵横比"复选框,设置高度 1.25cm,宽度 5.21cm,单击"关闭"按钮。

④ 拖动图片至图 4-12 所示位置。也可以采用精确定位,在"图片工具-格式"选项卡"大小"组中单击右下角"大小和位置"按钮 ⊡,打开"设置图片格式"对话框。在左侧选择"位置",设置"水平"位置为自"左上角"19.7cm,"垂直"位置自"左上角"17.68cm,单击"关闭"按钮。

⑤ 选中含有"♯"占位符的文本框,在"开始"选项卡"字体"组中设置字号为 16,然后将文本框拖至图 4-12 所示位置。删除含有"页脚"占位符的文本框。选中含有日期占位符的文本框,在"开始"选项卡"段落"组中单击"文本左对齐"按钮 ▤,将文本框拖至图 4-12 所示位置。

⑥ 单击"幻灯片母版"选项卡,在"关闭"组中单击"关闭母版视图"按钮。

⑦ 单击"插入"选项卡,在"文本"组中单击"幻灯片编号"按钮,打开"页眉和页脚"对话框。对话框中选择"幻灯片"选项卡,勾选"日期和时间"复选框,选择"自动更新"选项,勾选"幻灯片编号"复选框,单击"全部应用"按钮。

4. 设置幻灯片切换方式

【操作要求】

演示文稿中,设置首页和末页幻灯片切换方式为"涟漪",其余幻灯片的切换方式为"立方体"。

【操作步骤】

① 在"幻灯片/大纲"窗格中,选中编号为 1 的幻灯片,按住 Ctrl 键选中编号为 11 的幻灯片。在"切换"选项卡"切换到此幻灯片"组中单击"其他"按钮 ☙,在弹出的切换效果列表中选择"华丽型"栏下"涟漪"效果。在"计时"组中勾选"设置自动换片时间"复选框,设置时间为 10s。

② 在"幻灯片/大纲"窗格中,选中编号为 2 的幻灯片,按住 Shift 键选中编号为 9 的幻灯片。在"切换"选项卡"切换到此幻灯片"组中单击"其他"按钮 ▾,在弹出的切换效果列表中选择"华丽型"栏下"立方体"效果。在"计时"组中勾选"设置自动换片时间"复选框,在其后设置时间为 15s。

③ 在"幻灯片/大纲"窗格中,选中编号为 10 的幻灯片,参照步骤②设置其切换方式为"立方体"效果,自动换片时间 2:15。

说明:若设置了自动换片时间,则在"设置放映方式"对话框中一定要为"换片方式"选择"如果存在排练时间,则使用它"。

5. 设置图片样式,添加动画

【操作要求】

为第 7 张幻灯片中的所有图片设置"矩形投影"样式,将图片组合为一个对象,添加进入动画:圆形扩展;形状为菱形,方向为缩小;上一动画之后开始。

【操作步骤】

① 在"幻灯片/大纲"窗格中,选中编号为 7 的幻灯片缩略图。按住 Shift 键,在工作区

中选中四幅图片。

② 在"图片工具-格式"选项卡"图片样式"组中单击样式列表中的"矩形投影"样式。

③ 在"图片工具-格式"选项卡"排列"组中单击"组合"按钮,在下级菜单中选择"组合"命令。

④ 选择"动画"选项卡,在"高级动画"组中单击"添加动画"按钮,选择"更多进入效果",打开"添加进入效果"对话框。在对话框中,选择"基本型"栏下"圆形扩展"效果,单击"确定"按钮。

⑤ 在当前幻灯片中选中组合对象,在"动画"选项卡"动画"组中单击"效果选项"按钮,选择"形状"栏下"菱形"效果。再次单击"效果选项"按钮,选择"方向"栏下"缩小"效果。

⑥ 在"动画"选项卡"计时"组中设置"开始"为"上一动画之后"。

6. 设置形状格式,更改动画

【操作要求】

将第 9 张幻灯片中内容文本框形状更改为"折角型",蓝色轮廓线,并渐变填充:线性对角-右下到左上。放映该幻灯片时折角型文本框自顶部擦除方式、上一动画之后进入,然后每行文字保持原有动画方式依次进入,即上一动画之后 0.5s、自左侧、伴有打字机音效飞入。

【操作步骤】

① 在"幻灯片/大纲"窗格中,选中编号为 9 的幻灯片缩略图,然后在工作区中选中内容文本框。

② 在"绘图工具-格式"选项卡"形状样式"组中单击"形状填充"按钮,选择"渐变"。在下拉列表中选择"浅色变体"栏下第 3 行第 3 列样式"线性对角-右下到左上"。

③ 在"绘图工具-格式"选项卡"形状样式"组中单击"形状轮廓"按钮,选择"标准色"栏下"蓝色"色块。

④ 在"绘图工具-格式"选项卡"插入形状"组中单击"编辑形状"按钮,选择"更改形状"。在列表中选择"基本形状"栏下"折角型"。

⑤ 在幻灯片中,选中形状对象,在"开始"选项卡"段落"组中单击"段落"按钮 ▣,打开"段落"对话框。在对话框中,设置"行距"为"双倍行距",单击"确定"按钮。

⑥ 在"动画"选项卡"高级动画"组中单击"动画窗格"按钮,弹出动画窗格。在窗格中单击"展开内容"按钮 ❖ 将动作列表展开,选中编号为 0 的动作,在"动画"选项卡的"动画"组中单击"其他"按钮 ▾。在列表中选择"进入"栏下"擦除"(若在"进入"栏找不到"擦除"则单击下方"更多进入效果",打开"更改进入效果"对话框,在对话框中选择"基本型"栏下"擦除",单击"确定"按钮)。在"动画"组单击"效果选项"按钮,在列表中选择"方向"栏下"自顶部"。

⑦ 在动画窗格中,按住 Shift 键选中列表中首尾动作,则所有动作被选中,在"计时"组中设置"开始"为"上一动画之后",设置"延迟"为 0.5s。

7. 插入动作按钮

【操作要求】

在第 3~10 张幻灯片中插入"自定义"动作按钮,将按钮链接至第 2 张幻灯片目录页。

【操作步骤】

① 在"幻灯片/大纲"窗格中,选中编号为 3 的幻灯片缩略图。在"插入"选项卡"插图"

组中单击"形状"按钮,在列表中选择"动作按钮"栏下"自定义"动作按钮。

② 参照图 4-10 所示在工作区幻灯片中单击或拖曳,打开"动作设置"对话框。在对话框中选择"单击鼠标"选项卡,选择"超链接到",单击其下方下拉按钮,在列表中选择"幻灯片",弹出"超链接到幻灯片"对话框,选择"2.认知南审",单击"确定"按钮返回"动作设置"对话框,再次单击"确定"按钮。

③ 在幻灯片中右击按钮对象,在快捷菜单中选择"编辑文字",输入"返回目录页"。选中按钮,拖动控点,调整按钮区域至适当大小。选中按钮对象,按 Ctrl+C 键。

④ 在"幻灯片/大纲"窗格中,选中编号为 4 的幻灯片缩略图,按 Ctrl+V 键粘贴按钮对象。

⑤ 参照步骤④依次在后续幻灯片中粘贴按钮对象,直至第 10 张(其中第 7 张幻灯片的动作按钮位置不同于其他幻灯片,其位置可参照图 4-10)。

8. 设置放映方式

【操作要求】

将演示文稿设置为展台放映,无需人工操作,自动切换幻灯片。

【操作步骤】

① 在"幻灯片放映"选项卡的"设置"组中单击"设置幻灯片放映"按钮,打开"设置放映方式"对话框。

② 在对话框的"放映类型"栏中,选择"在展台浏览(全屏幕)"。在"换片方式"中选择"如果存在排练时间,则使用它"。

③ 单击"确定"按钮。

注意:设置完毕,放映此演示文稿,文稿将根据幻灯片切换时间自动切换幻灯片。

9. 保存为直接放映格式

【操作要求】

保存文件,再将编辑好的演示文稿在原路径、以原文件名保存为可直接放映格式的文件,可以在没有安装 PowerPoint 的计算机上直接放映。

【操作步骤】

① 在"文件"选项卡中选择"保存"命令。

② 再次在"文件"选项卡中选择"保存并发送"命令。在"文件类型"栏下选择"更改文件类型",在右侧列表中双击"PowerPoint 放映(＊.ppsx)",打开"另存为"对话框。

③ 在对话框中已自动选择"保存类型"为"PowerPoint 放映(＊.ppsx)"。设置存放路径至"实验 12",设置文件名"美丽南审",单击"保存"按钮。

五、思考与实践

(1)幻灯片母版有何作用?

(2)一个包含 7 页幻灯片的演示文稿,能否对标题幻灯片使用主题列表中的一个主题,对其余页使用主题列表中的另一个主题?

(3)在母版视图的左侧窗格中,有大、小母版缩略图,有何区别。

(4)配色方案有何作用?如何设置?

(5)自定义动画中的动作路径有何作用?尝试制作一个带有动作路径的幻灯片。

实验 13　PowerPoint 2010 高级应用

一、实验目的

- 掌握模板设计方法；
- 掌握应用模板的方法；
- 掌握 SmartArt 图形转换；
- 掌握动画高级应用；
- 掌握图表的高级设置。

二、实验准备

- 学习《大学计算机基础教程》第 7.1~7.6 节相关内容；
- 复习"实验 11""实验 12"中的操作步骤；
- 下载实验素材"实验 13"并解压缩至 D 盘；
- 启动 PowerPoint 2010 应用程序。

三、实验内容

参照图 4-13 所示，应用高级应用技巧，修改素材文件夹中的"美丽南审．pptx"，另存为"最美南审．pptx"。

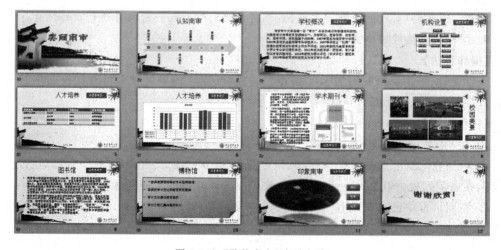

图 4-13　"最美南审"演示文稿

四、实验步骤

1. 设计模板

【操作要求】

将素材文件夹"实验 13"中的图片文件"封面.jpg"作为标题幻灯片背景，"内容.jpg"作为其他版式背景，创建模板，保存为 muban.potx。

【操作步骤】

① 新建空白演示文稿。选择"视图"选项卡，单击"幻灯片母版"按钮，进入母版视图。

② 在左侧窗格中选择最上方带有编号 1 的大的缩略图。在"幻灯片母版"选项卡"背景"组中单击"背景样式"按钮，在下拉菜单中选择"设置背景格式"，弹出"设置背景格式"对话框。

③ 在对话框中，左侧选择"填充"，右侧选择"图片或纹理填充"，单击下方"文件"按钮，打开"插入图片"对话框。在对话框中，设置"实验 13"所在路径，选择图片文件"内容.jpg"，单击"插入"按钮返回"设置背景格式"对话框，再单击对话框中"关闭"按钮。

④ 在"插入"选项卡"图像"组中单击"图片"按钮，打开"插入图片"对话框。在对话框中，设置"实验 13"所在路径，选择图片文件 nau.jpg，单击"插入"按钮。

⑤ 在幻灯片上选中图片，单击"图片工具-格式"选项卡"大小"组右下角"大小和位置"按钮 ，打开"设置图片格式"对话框。在对话框中，勾选"锁定纵横比"复选框，在"缩放比例"栏设置"高度"为 66%，单击"关闭"按钮。拖动图片至图 4-14 所示位置。

图 4-14　母版样张

⑥ 在左侧窗格中选择第 2 个缩略图（略小于上一个缩略图）设置标题幻灯片背景。参照步骤②、③，将背景用图片文件"封面.jpg"填充。

⑦ 在"幻灯片母版"选项卡"页面设置"组中单击"页面设置"按钮，打开"页面设置"对话框。在对话框中设置"幻灯片大小"为"全屏显示（16∶9）"，单击"确定"按钮。

⑧ 在"文件"选项卡中选择"保存"命令，打开"另存为"对话框。在对话框中，设置"保存类型"为"PowerPoint 模板（＊.potx）"，此时路径自动设置到 PowerPoint 2010 系统指定的

模板位置,将路径设置到"实验13"所在位置,设置文件名为"muban",单击"保存"按钮。

说明:若模板保存在系统自动指定的位置,则单击"文件"选项卡,选择"新建"命令,单击"我的模板",在弹出的"新建演示文稿"对话框中,就能在列表中看到保存的模板文件名,选中后单击"确定"按钮,PowerPoint 2010将启用该模板创建新的演示文稿。

⑨ 在"文件"选项卡中选择"关闭"命令。

2. 应用模板

【操作要求】

打开素材文件夹"实验13"中的文件"美丽南审.pptx",对其应用模板 muban.potx。

【操作步骤】

① 在"文件"选项卡中选择"打开"命令,弹出"打开"对话框。在对话框中设置"实验13"所在路径,选择文件"美丽南审.pptx",单击"打开"按钮。

② 在单击"设计"选项卡"主题"组中单击"其他"按钮 ,选择"浏览"主题。在打开的"选择主题或主题文档"对话框中,设置"实验13"所在路径,选择文件 muban.potx,单击"应用"按钮。

3. 页面设置

【操作要求】

将幻灯片大小设置为16∶9,在页脚添加制作人信息,但标题页不显示该信息。

【操作步骤】

① 在"设计"选项卡"页面设置"组中单击"页面设置"按钮,将"幻灯片大小"设置为"全屏显示(16∶9)",单击"确定"按钮。

② 在"插入"选项卡"文本"组中单击"页眉和页脚"按钮,在打开的"页眉和页脚"对话框中选择"幻灯片"选项卡,勾选"页脚"复选框,在文本框中输入"制作人:+本人姓名",如"制作人:张三"。勾选"标题幻灯片中不显示"复选框,单击"全部应用"按钮。

4. 将文本转化为 SmartArt 图形

【操作要求】

参照图4-15所示,将第2张幻灯片内容文本框中的目录列表转化为 SmartArt 图形,并将目录项链接至后续相应幻灯片。

图4-15 第2张幻灯片样张

【操作步骤】

① 在"幻灯片/大纲"窗格中，选中编号为 2 的幻灯片缩略图。在工作区当前幻灯片中，选中内容文本框中的文本。

注意：此步骤不是选中内容文本框。

② 光标悬浮于选中区域上方右击，在快捷菜单中选择"转换为 SmartArt"选项，在弹出列表中选择"其他 SmartArt 图形"，打开"选择 SmartArt 图形"对话框。

③ 在对话框中，在左侧选择"流程"，在中间的列表中选择"基本日程表"，单击"确定"按钮。

④ 在幻灯片中，按住 Shift 键选中 SmartArt 图形中所有含有文字的文本框。在"开始"选项卡"段落"组中单击"文字方向"按钮，选择"竖排"；单击"对齐文本"按钮，选择"居中"。

⑤ 选中 SmartArt 图形，在"SmartArt 工具-设计"选项卡"SmartArt 样式"组中单击"更改颜色"按钮，在列表中选择"彩色"栏下"彩色范围-强调文字颜色 5 至 6"。在"更改颜色"按钮右侧的样式列表中选择"白色轮廓"。

⑥ 在 SmartArt 图形中，选中文本"学校概况"所在的文本框，在"插入"选项卡"链接"组中单击"超链接"按钮，在弹出的"插入超链接"对话框中，左侧选择"本文档中的位置"，在"请选择文档中的位置"列表中选择"幻灯片标题"→"3.学校概况"，单击"确定"按钮。

⑦ 在 SmartArt 图形中，参照步骤⑥为其他文本框插入超链接，将其链接至对应标题幻灯片。若有相同标题幻灯片，则选择相同标题幻灯片中的首张，插入对应超链接。

5．SmartArt 动画

【操作要求】

为第 2 张幻灯片中的 SmartArt 图形添加进入动画。

【操作步骤】

① 在"幻灯片/大纲"窗格中，选中编号为 2 的幻灯片缩略图。在工作区当前幻灯片中，选中 SmartArt 图形。

② 在"动画"选项卡"高级动画"组中单击"添加动画"按钮，选择"进入"栏下"擦除"。若无"擦除"动画，选择"更多进入效果"，在弹出的对话框中查找。

③ 在"动画"选项卡"高级动画"组中单击"动画窗格"按钮，弹出窗格。在窗格中选中动作，单击下拉按钮，在下拉列表中选择"效果选项"，打开"擦除"对话框。

④ 在"擦除"对话框中选择"SmartArt 动画"选项卡，单击"组合图形"下拉按钮，选择"逐个"，勾选"倒序"复选框，单击"确定"按钮。

⑤ 在动画窗格中单击"展开"按钮 ⁂ ，单击编号为 1 的动作，按住 Ctrl 键单击编号 1 的下一行动作，继续按住 Ctrl 键，如图 4-16 所示单击对应动作，然后在"动画"选项卡"动画"组中单击"效果选项"按钮，选择"自顶部"。

⑥ 在动画窗格中选中编号为 9 的动作，在"动画"选项卡"动画"组中单击"效果选项"按钮，选择"自左侧"。

图 4-16　动画窗格

⑦ 在动画窗格中，选中第一个动作，再按住 Shift 键选中最后一个动作，在"动画"选项卡"计时"组中设置"开始"为"上一动画之后"。

6. 添加进入、退出动画和动作路径

【操作要求】

第 1 张幻灯片中，标题上有两个粉色光晕，如照图 4-17 所示为其添加动画。

图 4-17　第 1 张幻灯片样张

【操作步骤】

① 在"幻灯片/大纲"窗格中，选中编号为 1 的幻灯片缩略图。在工作区当前幻灯片中，文字"美"的上方有两个粉色光晕，选中两个光晕中略上方的一个粉色光晕。

② 在"动画"选项卡"高级动画"组中单击"添加动画"按钮，选择"进入"栏下"淡出"。在"动画"选项卡"计时"组中，如图 4-18(a)所示，设置"开始"为"与上一动画同时"，"延迟"为 0 秒。

(a)　　　　　　(b)　　　　　　(c)

图 4-18　上方光晕的动作参数设置

③ 在"动画"选项卡"高级动画"组中单击"添加动画"按钮，选择"动作路径"栏下"自定义路径"。在幻灯片中以选中的光晕为起点，按下鼠标参照图 4-17 所示画出路径，在终点处双击。在"动画"选项卡"计时"组中，如图 4-18(b)所示，设置"开始"为"与上一动画同时"，"持续时间"为 3s，"延迟"为 0.5s。

④ 在"动画"选项卡"高级动画"组中单击"添加动画"按钮，选择"退出"栏下"淡出"。在"动画"选项卡"计时"组中，如图 4-18(c)所示，设置"开始"为"与上一动画同时"，"持续时间"为 1s，"延迟"为 3s。

⑤ 在工作区当前幻灯片中,选中两个光晕中略下方的一个粉色光晕。参照步骤②添加进入动画"淡出",参数如图 4-19(a)所示。

说明:所有动作的"开始"都设置为"与上一动画同时"。

⑥ 参照步骤③添加"自定义动作路径",参数如图 4-19(b)所示。

⑦ 参照步骤④添加退出动画"淡出",参数如图 4-19(c)所示。

(a)　　　　　　　　　　(b)　　　　　　　　　　(c)

图 4-19　下方光晕的动作参数设置

7. 添加图表和图表动画

【操作要求】

复制"实验13"文件夹"录取.xlsx"文件中的图表,将图表使用目标主题且嵌入工作簿到第 6 张幻灯片中,并为其添加进入动画。

【操作步骤】

① 启动 Excel 2010,打开"录取.xlsx",选中其中的图表,右击,在快捷菜单中选择"复制"命令。

② 切换到当前演示文稿的任务,在"幻灯片/大纲"窗格中,选中编号为 6 的幻灯片缩略图,光标置于幻灯片内容占位符中。在"开始"选项卡"剪贴板"组中单击"粘贴"下拉按钮,单击"使用目标主题和嵌入工作簿"按钮 。

③ 选中插入的图表,在"动画"选项卡"高级动画"组中单击"添加动画"按钮,选择"进入"栏下"擦除"。

④ 确保"动画窗格"打开,在窗格中选中动作,单击其右侧下拉按钮,在弹出菜单中选择"效果选项"。在打开的"擦除"对话框中,单击"图表动画"选项卡,设置"组合图表"为"按系列",勾选"通过绘制图表背景启动动画效果"复选框,单击"确定"按钮。

⑤ 在动画窗格中单击"展开"按钮 ,选择编号为 1 的动作,在"动画"选项卡"计时"组中设置"开始"为"上一动画之后"。

⑥ 在幻灯片中选中插入的图表,参照图 4-13 所示拖动边框至适当大小。

8. 编辑视频

【操作要求】

在第 11 张幻灯片中,修改视频参数,效果如图 4-20 所示。

【操作步骤】

① 在"幻灯片/大纲"窗格中,选中编号为 11 的幻灯片缩略图。在工作区当前幻灯片中,选中视频。

② 在"视频工具-格式"选项卡"视频样式"组的样式列表中单击"其他"按钮 ,选择"中等"栏下的"柔滑边缘椭圆",如图 4-20 所示。在幻灯片中拖动视频右下角的控点,调整视频区域,拖动视频至适当位置。

图 4-20　第 11 张幻灯片样张

③ 继续选中视频,在"视频工具-格式"选项卡的"视频样式"组中单击"视频效果"按钮,选择"映像",在下拉列表中选择"半映像,接触"。

④ 通过浮动视频控制栏,定位到第 2:00.55s 左右的画面,在"视频工具-格式"选项卡的"调整"组中单击"标牌框架"按钮,在下拉列表中选择"当前框架"。

⑤ 单击"插入"选项卡,在"插图"组中单击"形状"按钮,选择"基本形状"栏下的"棱台",如图 4-20 所示,在幻灯片中视频右侧拖曳。然后单击"绘图工具-格式"选项卡,在"形状样式"组的样式列表中单击"其他"按钮 ,从列表中选择"强烈效果-水绿色,强调颜色 5"。

⑥ 选中按钮,按 Ctrl+C 键,再按两次 Ctrl+V 键,如图 4-20 所示拖动生成的两个按钮至适当位置。选中最上方按钮后按右键,在快捷菜单中选择"编辑文字",输入"播放"。照此设置下方的两个按钮,输入相应文字。

⑦ 单击"开始"选项卡,在"编辑"组中单击"选择"按钮,选择"选择窗格"。在幻灯片中选中"播放"按钮,在"选择和可见性"窗格中单击选中的文本,更改文本为"播放",依此修改其他两个按钮对象名称,(根据自己幻灯片中按钮的实际放置位置修改对象名称)如图 4-21 所示。

⑧ 选中视频对象,在"动画"选项卡"动画"组中的动画样式列表中选择"播放";在"高级动画"组中单击"触发"按钮,选择"单击",在下拉列表中选择"播放"。

⑨ 选中视频对象,在"动画"选项卡"高级动画"组中单击"添加动画"按钮,选择"媒体"栏下的"暂停";在"高级动画"组中单击"触发"按钮,选择"单击",在下拉列表中选择"暂停"。

⑩ 选中视频对象,在"动画"选项卡"高级动画"组中单击"添加动画"按钮,选择"媒体"栏下的"停止";在"高级动画"组中单击"触发"按钮,选择"单击",在下拉列表中选择"结束"。最终动作列表如图 4-22 所示。

9. 添加背景音乐

【操作要求】

为演示文稿添加背景音乐。

【操作步骤】

① 在"幻灯片/大纲"窗格中,选中编号为 1 的幻灯片缩略图。单击"插入"选项卡,在

图 4-21 "选择和可见性"窗格　　　　　　　图 4-22　动作列表

"媒体"组中单击"音频"下拉按钮,在下拉列表中选择"文件中的音频",打开"插入音频"对话框。

② 在对话框中,设置好"实验 13"路径,选择"南审之歌.wma",单击"插入"按钮。

③ 在幻灯片上,选中声音图标,在"音频工具-播放"选项卡"音频选项"组中,在"开始"列表中选择"跨幻灯片播放",并勾选"放映时隐藏"和"循环播放,直到停止"复选框。

10. 设置文本框样式,调整幻灯片布局

【操作要求】

参照图 4-23 所示的样张,编辑第 7 张幻灯片。

图 4-23　第 7 张幻灯片样张

【操作步骤】

① 在"幻灯片/大纲"窗格中,选中编号为 7 的幻灯片缩略图。在工作区当前幻灯片中,如图 4-23 所示,拖动"返回目录页"按钮至适当位置,拖动标题文本框至适当示位置。

② 如图 4-23 所示,将内容文本框向上方拖动后,再向下拖动底边中间的控点,调整至其能容纳所有文本在其中。

③ 在"绘图工具-格式"选项卡"形状样式"组中单击右下角"设置形状格式"按钮 ⬜,打开"设置形状格式"对话框。

④ 在对话框中,左侧选择"填充",右侧选择"纯色"填充,单击"颜色"按钮,选择"主题颜

色"栏下"白色,背景 1","透明度"设置为 25%,单击"关闭"按钮。

⑤ 如图 4-23 所示,将"学术期刊"文本框向右拖动至适当位置。

11. 设置放映方式

【操作要求】

通过人工方式放映每张幻灯片,采用演讲者放映类型,循环放映,按 Esc 键结束。

【操作步骤】

① 选择"幻灯片放映"选项卡,在"设置"组中单击"设置幻灯片放映"按钮,打开"设置放映方式"对话框。

② 在"放映类型"栏中,选择"演讲者放映(全屏幕)"。在"放映选项"栏勾选"循环放映,按 Esc 键终止"复选框。

③ 单击"确定"按钮。

12. 另存演示文稿,并打包成 CD

【操作要求】

将演示文稿在原路径、以"最美南审"为文件名另存,并打包成 CD。

【操作步骤】

① 在"文件"选项卡中选择"另存为"命令,打开"另存为"对话框。

② 在对话框中,设置"实验 13"所在路径,在"文件名"下拉列表框中输入"最美南审",单击"保存"按钮。

③ 在"文件"选项卡中选择"保存并发送"命令,在"文件类型"栏选择"将演示文稿打包成 CD",单击"打包成 CD"按钮,弹出"打包成 CD"对话框。

④ 在对话框中,若单击"复制到 CD"按钮,则系统会搜索刻录机,写入到 CD 中。若没有安装刻录机,可以打包到本地机文件夹中。单击"复制到文件夹"按钮,在弹出的对话框中单击"浏览"按钮,设置路径选择"实验 13"文件夹名,单击"选择"按钮。然后单击"确定"按钮,在弹出的消息框中单击"是"按钮。

说明：PowerPoint 2010 提供了把演示文稿打包成 CD 的功能,可打包演示文稿、链接文件和播放支持文件等,并能从 CD 自动运行演示文稿。

⑤ 单击"打包成 CD"对话框中的"关闭"按钮。可试着将"实验 13"文件夹下的"演示文稿 CD"文件夹复制到其他路径下或其他计算机去放映演示文稿。

五、思考与实践

(1) 在演示文稿中,若要使除标题幻灯片外其余版式幻灯片中标题字体字号统一设定,有何简便操作?

(2) 如何在一个演示文稿中插入页脚,并用最简便的方法使得各页页脚居于幻灯片右下角。

(3) 试一试在幻灯片母版中,为标题占位符添加动画后有何效果。

(4) 从 Excel 中复制图表到幻灯片中,有几种粘贴方式? 试一试这些方式有何不同。

(5) 利用 PowerPoint 2010 制作一个电子教案,内容自选并配以声音解说。

实验作业 4　PowerPoint 2010 的操作与使用

一、实验作业目的

综合运用已学过的知识和技能，对演示文稿按要求进行操作。

二、实验作业准备

- 复习《大学计算机基础教程》第 7 章；
- 复习《大学计算机基础习题与实验指导》实验指导篇实验 11～实验 13 内容；
- 下载实验素材"实验作业 4"并解压缩至 D 盘；
- 启动 PowerPoint 2010 应用程序。

三、实验作业任务

（1）打开"实验作业 4-1"素材中的 PowerPoint 文件"希腊诸神.pptx"，按照要求进行编辑修改，完成后将演示文稿以原文件名保存，同时另存为可直接放映格式文件，存放于"实验作业 4-1"文件夹中。

① 设置所有幻灯片主题为"气流"，且修改所有幻灯片的背景样式为"样式 7"。

② 设置所有幻灯片显示自动更新的日期（样式为"××××年××月××日"）、幻灯片编号及页脚"希腊神话人物"。

③ 在第 2 张幻灯片中，将内容文本框中的项目列表转换为 SmartArt 图形"连续块状流程"。如图 4-24 所示，设置 SmartArt 图形中文本框的文字方向为竖排，为每一个神话人物

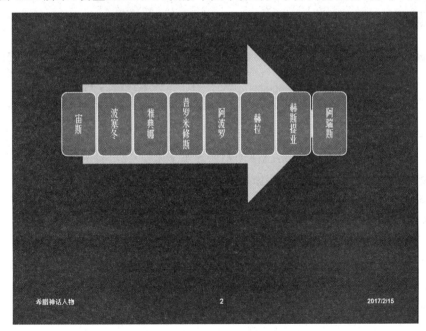

图 4-24　第 2 张幻灯片样张

建立超链接,分别指向相应标题的幻灯片。例如,"宙斯"指向第 3 张幻灯片,"雅典娜"指向第 5 张幻灯片。

④ 设置所有幻灯片的切换效果为垂直百叶窗,换页方式为单击鼠标时,或每隔 10s 自动换页。

⑤ 在第 6 张幻灯片中插入图片"普罗米修斯.jpg",设置图片大小为高度 10cm,宽度 8cm,取消锁定纵横比。

⑥ 为第 6 张幻灯片中插入的图片添加"劈裂"效果的进入动画:中央向上下展开,与上一动画同时。

⑦ 设置放映方式为演讲者放映,循环放映,按 Esc 键终止。

⑧ 在"实验作业 4-1"文件夹中,将演示文稿以原文件名保存,同时另存为可直接放映格式文件(主文件名不变)。

(2) 打开"实验作业 4-2"素材中的 PowerPoint 文件 computer.pptx,按照要求进行编辑修改,完成后将演示文稿以原文件名保存,存放于"实验作业 4-2"文件夹中。

① 对幻灯片应用"实验作业 4-2"素材中 blossom.pptx 的主题,设置第 1 张幻灯片版式为标题幻灯片。

② 如图 4-25 所示,请用最简便的方式插入图片 logo.jpg,使得除标题幻灯片外的其他版式幻灯片都在左下角插入 logo.jpg。

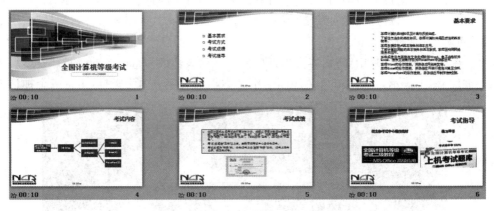

图 4-25　完成后的 computer.pptx

③ 将第 2 张幻灯片中的 SmartArt 图形转换为文本。

④ 设置幻灯片大小为 16∶9,除标题幻灯片其他各页插入页脚:MS Office。

⑤ 为演示文稿插入背景音乐 rain.mid,放映时隐藏图标,循环播放直到停止。

⑥ 为第 4 张幻灯片中的 SmartArt 图形添加进入动画:淡出、逐个按级别、倒叙、所有动作为上一动画之后自动运行。

⑦ 将第 5 张幻灯片中内容文本框背景纯色填充:白色,背景 1,深色 5%。文本框轮廓为 1 磅实线,颜色为:蓝色、强调文字颜色 1。

⑧ 设置所有幻灯片 10s 自左侧推进切换,演示文稿为在展台自动放映。

IE 浏览器和 Outlook 的使用

实验 14　利用 IE 浏览器信息检索

一、实验目的

- 掌握信息浏览及保存的方法；
- 掌握设置主页及收藏网页的方法；
- 掌握 IE 浏览器临时文件夹的设置和清理的方法；
- 掌握网上信息检索的方法；
- 掌握 FTP 上传和下载文件的方法；
- 掌握利用网络小工具下载文件的方法。

二、实验准备

- 复习《大学计算机基础教程》第 8.3～8.4 节内容；
- 启动 Internet Explorer(简称 IE)浏览器。

三、实验内容

(1) 浏览"江苏省高校计算机等级考试中心"网站,分三种情况保存网上信息：①保存整个网页；②保存网页中部分文字；③保存网页中图片。

(2) 利用百度根据关键词在网上进行信息检索,搜索南京审计大学最新一年的本科招生简章,查找新浪网上关于"巴西奥运女排夺冠"的报道。搜索一个"计算机基础"的 PPT 课件,查找南京火车南站到中山陵的公交线路和中山陵的图片。

(3) 搜索并下载迅雷软件,安装迅雷软件,然后利用迅雷软件下载歌手周杰伦的一首 MP3 歌曲"千里之外"。

(4) 利用 FTP 服务器,下载软件和资料。

四、实验步骤

1. 网上信息浏览和保存

1) 浏览网页

【操作要求】

在访问"江苏省高校计算机等级考试中心"网站,其主页的 URL 地址为：http://

exam. jsgj. org,浏览"成绩查询"主题目录中的信息。

【操作步骤】

① 双击桌面 IE 图标或者从"开始"→"所有程序"→Internet Explorer 启动 IE 浏览器。

② 鼠标单击 IE 地址栏,选中地址栏中的 URL 地址,使其变成蓝色选中状态。

③ 输入网址"http:// exam. jsgj. org"并按回车键,IE 会搜索并打开网站首页,这时表示访问成功。

④ 将鼠标指向网址首页下方"成绩查询"处,鼠标变成小手形状时,单击,将打开该标题所连接的网页。

2) 保存整个网页

【操作要求】

将"江苏省高校计算机等级考试中心"网站首页的全部内容,以文件名 jsjks 保存类型"网页,全部(＊.htm;＊.html)"保存到 D 盘根目录中。

【操作步骤】

① 按照上题方法打开"江苏省高校计算机等级考试中心"网站,单击 IE 浏览器菜单栏"文件"→"另存为"命令,打开"保存网页"对话框。

② 选择要保存文件的盘符和文件夹(即文件保存的路径,这里 D 盘),在"文件名"下拉组合框中输入 jsjks,保存类型选择"网页,全部(＊.htm;＊.html)",单击"保存"按钮。

说明：如果 IE 浏览器界面上没有显示菜单栏,可以在 IE 浏览器窗口上方空白处右击,在弹出的快捷菜单中勾选"菜单栏"选项。或者单击 IE 浏览器窗口右上方的"工具"图标 ⚙ ,在弹出常用菜单中直接选择"文件"→"另存为"命令即可。

3) 保存网页中部分文字

【操作要求】

将"江苏省高校计算机等级考试中心"网站上"考试中心简介"目录下"考试中心简介"网页的第 2～4 段以文件名 instruction. txt 保存至 D 盘根目录。

【操作步骤】

① 在 IE 浏览器中打开"江苏省高校计算机等级考试中心"主页,并单击"考试中心简介"栏目打开"考试中心简介"网页。

② 用鼠标选中该网页中第 2～4 段内容,右击,在弹出的快捷菜单中选择"复制"命令,或者使用快捷键 Ctrl+C。

③ 启动 Windows 7 附件中的"记事本"程序,单击"编辑"→"粘贴"命令,或者使用快捷键 Ctrl+V。

④ 单击"文件"→"保存"命令,打开"另存为"对话框,在地址栏中找到 D 盘,在"文件名"下拉组合框中输入文件名 instruction,单击"保存"按钮。

4) 保存网页中的图片

【操作要求】

将"江苏省高校计算机等级考试中心"网站首页标题左侧的图片以文件名 mylogo,文件类型"位图(＊.bmp)"保存到 D 盘根目录中。

【操作步骤】

① 打开"江苏省高校计算机等级考试中心"网站首页,光标指向首页标题左侧的图标,

右击,在弹出的快捷菜单中选择"图片另存为"命令,打开"保存图片"对话框。

② 保存路径选择 D 盘,文件名输入 mylogo,保存类型选择"位图(＊.bmp)",然后单击"保存"按钮。

2. IE 浏览器选项设置及收藏网页

1) 设置 IE 主页

【操作要求】

将"新浪网"网站 www.sina.com.cn 设置为主页。

【操作步骤】

① 打开 IE 浏览器,单击"工具"→"Internet 选项"命令,打开"Internet 选项"对话框,如图 5-1 所示。

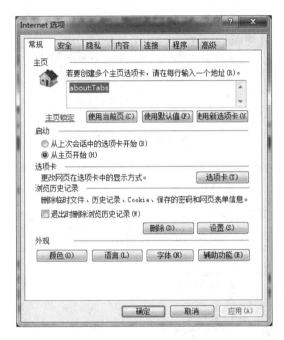

图 5-1 "Internet 选项"对话框

② 在"常规"选项卡的"主页"地址栏中输入 www.sina.com.cn,单击"确定"按钮。

说明:如果用户希望打开浏览器时能直接访问某一网页,可以通过将 IE 浏览器主页功能来实现。主页设置可以是地址栏内输入网页 URL 地址,也可以在已经打开某网页时,通过单击图 5-1 中的"使用当前页"按钮来实现。

2) 临时文件夹位置设置及内容清空

【操作要求】

在 D 盘根目录下创建名为 temp 的文件夹,然后将 Internet 默认的临时文件夹内容清空,并设置临时文件夹地址为 D 盘的 temp 文件夹。

【操作步骤】

① 单击图 5-1 所示的"Internet 选项"对话框中"浏览历史记录"处的"删除"按钮,打开图 5-2 所示的"删除浏览历史记录"对话框。

② 如仅仅删除临时文件夹中内容,则勾选图 5-2 中框线部分,然后单击"删除"按钮。

IE 浏览器和 Outlook 的使用

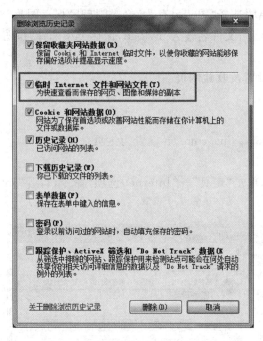

图 5-2 "删除浏览历史记录"对话框

③ 单击图 5-1 所示的"Internet 选项"对话框中"浏览历史记录"处的"设置"按钮,打开图 5-3 所示的"网站数据设置"对话框。

图 5-3 "网站数据设置"对话框

④ 单击"移动文件夹"按钮,在弹出的对话框中选择 D 盘的 temp 文件夹。

3）收藏网页

【操作要求】

将"江苏省高校计算机等级考试中心"网站首页添加到收藏夹,收藏名称为"江苏等考中心"。

【操作步骤】

打开"江苏省高校计算机等级考试中心"网站首页,单击"收藏夹"→"添加到文件夹"命令,弹出图 5-4 所示的"添加收藏"对话框,在名称框中输入"江苏等考中心",然后单击"添加"按钮。

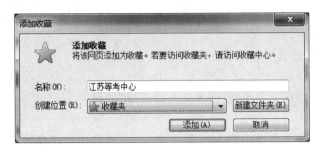

图 5-4 "添加收藏"对话框

3. 信息检索

1) 多关键字检索

【操作要求】

利用百度查询南京审计大学最新一年的本科招生简章。

【操作步骤】

① 在 IE 浏览器地址栏输入网址 www.baidu.com,按回车键进入百度搜索主页。

② 在搜索文本框内输入搜索关键词"南京审计大学本科 招生简章",单击"百度一下"按钮,显示出若干条检索结果,如图 5-5 所示。

图 5-5 百度搜索结果图

③ 单击检索结果中的第二条链接,就能查看 2016 年南京审计大学的本科招生简章。

说明:在网络上查找资料时,常常利用搜索引擎进行信息检索,当前最热门的搜索引擎

IE 浏览器和 Outlook 的使用

有 Google 和 Baidu 等。Google 是世界上著名的搜索引擎,在中英文资料搜索方面功能强大,如能够找到藏在论坛中的信息。Baidu 被称为全球最大的中文搜索引擎,与 Google 相比,在中文信息搜索方面具有数据更新快等特点。在实际应用时,有时需要利用多个搜索引擎查找资料。

2) 利用短语进行搜索范围限制

【操作要求】

利用百度查询新浪网上关于"巴西奥运女排夺冠"的报道。

【操作步骤】

在百度网站的搜索文本框内输入搜索关键词"巴西奥运女排夺冠 site:sina. com. cn",单击"百度一下"按钮即可。

说明:site 后的冒号为英文字符,且冒号后面不可以有空格,否则"site:"被作为一个搜索关键词。此外,网站域名不能有 http 及 www 等前缀,也不能有任何"/"目录后缀。

3) 在某一类文件中查找信息

【操作要求】

利用百度搜索一个"计算机基础"的 PPT 课件。

【操作步骤】

在百度网站的搜索文本框内输入搜索关键词"计算机基础 filetype:ppt",单击"百度一下"按钮即可。

说明:"filetype:"语法可以帮助用户从简单的文字页面和二进制文档中找到相应的信息。本例中,如果某个搜索结果是 PPT 文件而不是网页,它的标题前面会出现以蓝色字体标明的 PPT,单击 PPT 右侧的标题链接就可以访问这个 PPT 文档。

4) 百度地图功能

【操作要求】

利用百度查找南京火车南站到中山陵的公交线路和地图。

【操作步骤】

① 单击百度网站主页的"地图"链接,进入"百度地图"页面。

② 单击图 5-6 中箭头所指处↵,出发地输入:南京火车南站,目的地输入:中山陵。然后按回车键,出现图 5-7 所示网页,单击图中上方的"公交",则可查找公交线路。

4. 文件的下载

1) 百度搜索直接下载

【操作要求】

利用百度搜索下载雷软件。

【操作步骤】

在百度网站的搜索文本框内输入搜索关键词"迅雷下载",单击"百度一下"按钮,出现图 5-8 所示的网页,单击第一条搜索结果下的"立即下载"即可。或者单击第二条记录,打开"迅雷官网"的产品中心进行下载。

2) 利用安装的迅雷下载文件

【操作要求】

安装已安装的迅雷软件,并利用迅雷工具下载歌手周杰伦的 MP3 歌曲"千里之外"。

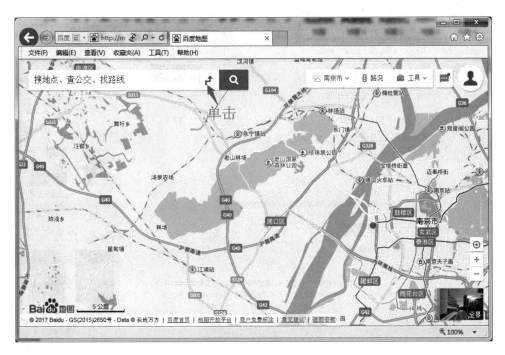

图 5-6　百度地图主页面

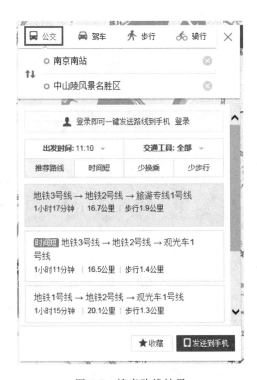

图 5-7　搜索路线结果

【操作步骤】

① 双击下载的迅雷软件安装文件,安装迅雷工具软件。

图 5-8   百度搜索下载迅雷

② 打开迅雷软件，在图 5-9 所示的迅雷主界面上输入"周杰伦 千里之外 mp3"，然后按回车键。

图 5-9   迅雷下载软件主页

③ 在弹出的图 5-10 所示的结果界面中单击任意一条连接（有些链接点开下载可能要收费，可以换一条链接），如这里选择微盘下载。弹出图 5-11 所示的界面后单击"下载"按钮，然后弹出"新建任务"对话框，如图 5-12 所示。单击"立即下载"按钮，则 mp3 音乐下载到指定的文件夹内。

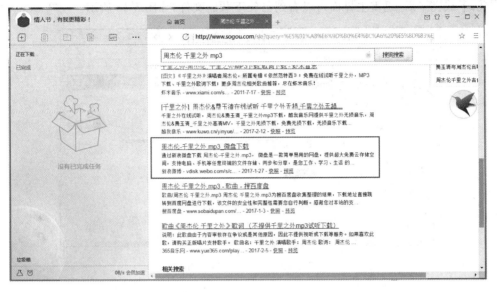

图 5-10　搜索结果

图 5-11　微盘音乐文件界面图

图 5-12　"新建任务"对话框

④ 下载完毕后，迅雷主界面可以看到已经下载的文件，如图 5-13 所示。

图 5-13　下载完毕后界面

3）FTP 模式下的下载方式

【操作要求】

登录南京审计大学的某一 FTP 服务器，其 URL 地址为 ftp://soft.nau.edu.cn，下载需要的文档至本机 D 盘根目录。

【操作步骤】

① 打开资源管理器，直接在地址栏输入 FTP 服务器地址 ftp://soft.nau.edu.cn（该服务器支持匿名访问，但是必须在南京审计大学内网）。在打开的窗口中列出了该服务器中所有的文件夹和文件，如图 5-14 所示。

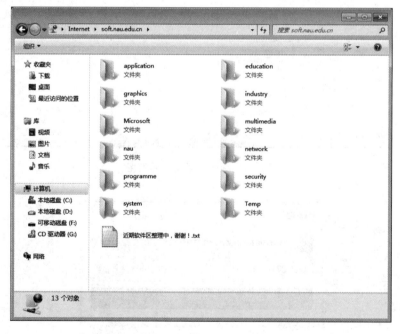

图 5-14　FTP 服务器打开后的窗口内容

② 右击需要下载的文件或文件夹,在弹出的快捷菜单中选择"复制到文件夹"命令,然后在弹出的"浏览文件夹"对话框中选择 D 盘。

五、思考与实践

(1) 如何打开保存在本地磁盘上的网页?

(2) 除百度外,你还知道哪些搜索引擎?

(3) 在网页中单击某个超链接时,有时候会在新窗口打开目标网页,有时候会在原窗口打开目标网页。如果用户希望在新窗口中打开目标网页,则用哪些方法可以实现?

(4) 尝试用 360 安全卫士下载并安装常用软件。

实验 15　电子邮件的使用

一、实验目的

- 掌握免费电子邮箱的申请方法;
- 掌握利用网页收发邮件的方法;
- 掌握 Outlook 2010 的配置方法;
- 掌握使用 Outlook 2010 收发邮件的方法。

二、实验准备

复习《大学计算机基础教程》第 8.5 节内容。

三、实验内容

在因特网上申请一个免费邮箱,并利用该邮箱提供者网站的 Web 页面和 Outlook 2010 收发邮件。

四、实验步骤

1. 申请免费邮箱

【操作要求】

打开新浪网,并申请新浪提供的一个免费邮箱(用户名密码自定)。

【操作步骤】

① 打开 IE 浏览器,在地址栏中输入 www. sina. com. cn,按回车键进入新浪网站,如图 5-15 所示。

② 单击图 5-15 中网站导航部分的"邮箱",打开图 5-16 所示的新浪邮箱主页。

③ 单击"注册"按钮,进入图 5-17 所示的注册界面。输入相应内容后,单击"立即注册"按钮。

④ 在弹出的图 5-18 所示的"短信验证"对话框内输入相应内容,验证成功后申请成功。

说明:本例中申请的邮箱地址为 jsjnau@sina.com,此时就能成功使用该邮箱收发邮件了。除了新浪网提供免费邮箱,还有许多其他网站提供免费邮箱,如网易、搜狐等。

图 5-15　新浪网首页

图 5-16　新浪邮箱主页

2. 利用浏览器收发电子邮件

1）利用浏览器发送邮件

【操作要求】

在免费邮箱的 Web 页面中,给自己发送一封邮件,邮件标题为"新年快乐",正文内容为"2017 年,新年快乐!",将素材文件夹中"新年快乐.JPG"文件作为附件发送。

【操作步骤】

① 打开新浪网邮箱服务的主页,输入邮箱名和密码进行登录,登录成功显示邮箱页面,如图 5-19 所示。

② 单击"写信"进入邮件撰写界面,输入收件人地址为:jsjnau@sina.com,主题:新年

图 5-17　新浪邮箱注册界面

图 5-18　"短信验证"对话框

图 5-19　新浪网免费邮箱登录成功界面

IE 浏览器和 Outlook 的使用

快乐,单击"添加附件"增加图片附件,邮件内容为"2017年,新年快乐!",如图 5-20 所示。

图 5-20 邮件撰写界面

③ 邮件撰写完毕,单击"发送"按钮即可,界面显示发送成功信息。

2)利用浏览器接收邮件

【操作要求】

在免费邮箱的 Web 界面中,接收上一题发送给自己的邮件,并将附件下载到 D 盘根目录中。

【操作步骤】

① 单击图 5-19 所示的邮箱服务器左上角的"收信"按钮,进入图 5-21 所示的邮件接收界面。

图 5-21 邮件接收界面

② 单击标题为"新年快乐"的新邮件，打开邮件阅读界面，如图 5-22 所示。单击"查看 1 个附件"链接，查看附件，并根据提示进行附件的下载。

图 5-22 邮件阅读界面

3. 利用 Outlook 2010 收发电子邮件

1）在 Outlook 2010 中设置邮件账号

【操作要求】

在 Outlook 2010 中，为已经注册的新浪网免费邮箱建立邮件账户。

【操作步骤】

① 单击"开始"→"所有程序"→Microsoft Office→Microsoft Outlook 2010 命令，运行 Outlook 2010 应用程序。

② 如果 Outlook 没有进行过账户设置，则弹出图 5-23 所示的启动向导，单击"下一步"按钮，打开图 5-24 所示对话框。

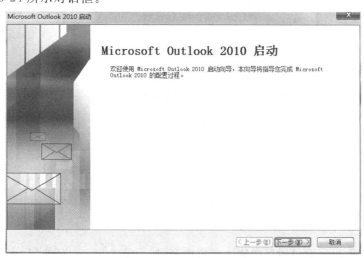

图 5-23 Outlook 2010 向导

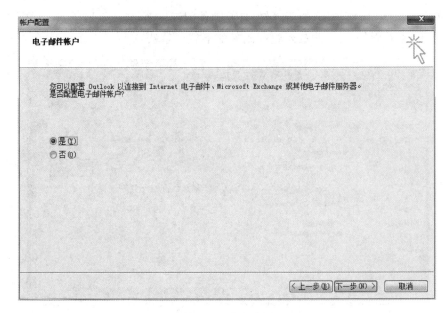

图 5-24　账户配置

③ 默认设置,单击"下一步"按钮。或者打开 Outlook 应用程序后,单击图 5-25 所示界面的"添加账户"按钮,在弹出的图 5-26 所示界面中单击"下一步"按钮。无论哪种方式,都将弹出图 5-27 所示界面。

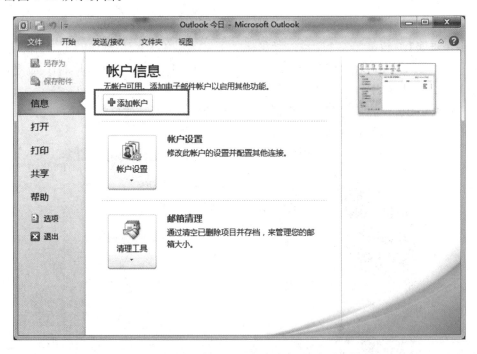

图 5-25　Outlook 应用程序界面

④ 在图 5-27 所示的对话框中输入相应内容,然后单击"下一步"按钮,出现如图 5-28 所示的配置信息对话框。这里要求之前的免费邮箱的客户端收发邮件功能已经开启。成功后

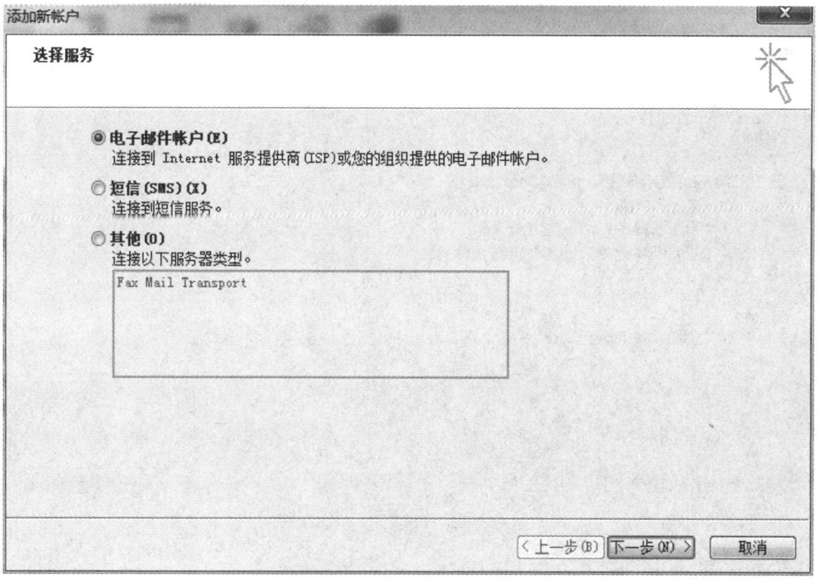

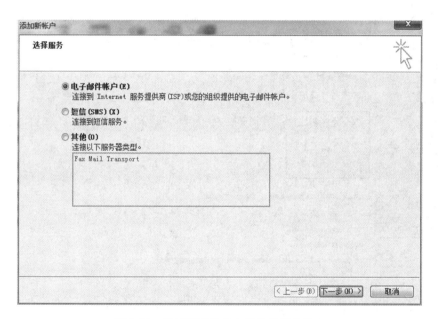

图 5-26　添加新账户之选择服务

图 5-27　添加新账户之电子邮件账户输入

单击"完成"按钮即可。

说明：新浪免费邮箱开启客户端收发功能，需要在 Web 邮箱打开情况下，一次单击图 5-29 所示的"设置"→"客户端/POP/IMAP/SMTP"→"开启"。这样就能开启客户端收发邮件功能。

2）利用 Outlook 接收邮件

【操作要求】

利用 Outlook 2010 接收账户 jsjnau@sina.com 的邮件。

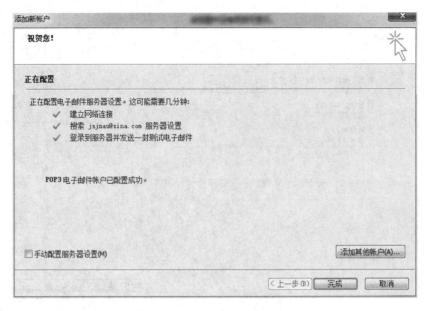

图 5-28　添加新账户之成功

图 5-29　邮箱客户端/POP/IMAP/SMTP 配置

【操作步骤】

成功设置 Outlook 后,下次重新打开 Outlook 2010 应用程序后,单击图 5-30 所示的左上角的"'发送/接收'所有文件夹"按钮则可以接收邮件。

3) 利用 Outlook 发送邮件

【操作要求】

利用 Outlook 2010 账户 jsjnau@sina.com 给自己发送一封邮件。邮件主题是:课件;邮件内容是:新学期开学,2017 级学生计算机基础课程课件! 附件:素材文件夹名为"jc.

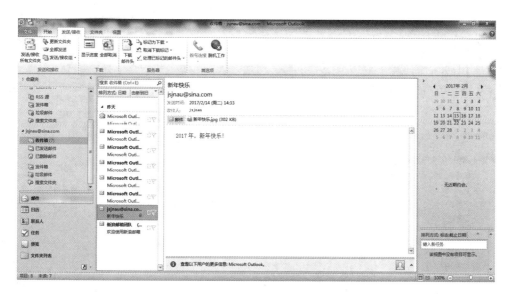

图 5-30　邮件接收界面

ppt"的文件。

【操作步骤】

① 启动 Outlook 2010 应用程序后,首先确定图 5-31 所示中的当前账户信息为 jsjnau@ sina.com。

图 5-31　账户信息界面

② 在"开始"选项卡中单击"新建电子邮件按钮"按钮,如图 5-32 所示。

③ 如图 5-33 所示,撰写邮件,输入相应的内容。单击"附加文件"按钮添加附件,然后单击"发送"按钮发送邮件即可。

④ 发送完成后,单击图 5-34 所示的"已发送邮件"图标可以查看已经发送的邮件。

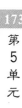

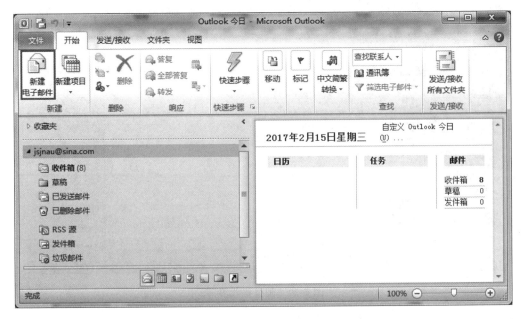

图 5-32　单击"新建电子邮件"界面

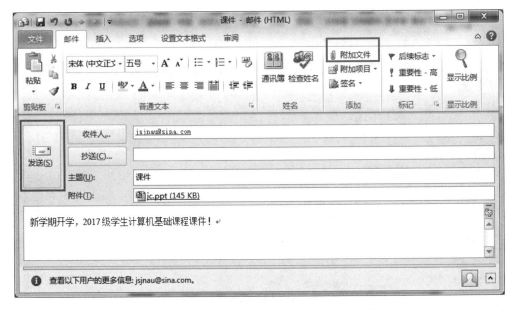

图 5-33　邮件撰写界面

五、思考与实践

（1）尝试申请网易 126 免费邮箱，并利用免费邮箱的 Web 页面收发邮件？

（2）在 Outlook 2010 中，如何将邮件发给多个人？如何回复转发邮件？

（3）大家都有 QQ 号吗？尝试用 QQ 邮箱给老师或同学发送一封电子邮件。

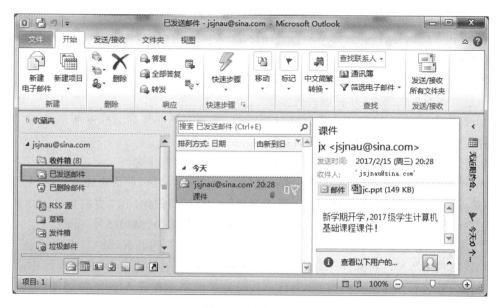

图 5-34　邮箱界面

实验作业 5　因特网的操作和使用

一、实验作业目的

综合运用已学过的知识和技能,在因特网上按要求进行操作。

二、实验作业准备

- 复习实验 14～实验 15 内容;
- 下载实验素材"实验作业 5"并解压缩至 D 盘;
- 启动 Internet Explorer(简称 IE)浏览器。

三、实验作业任务

(1) 运用关键词检索的方法,利用搜索引擎找出下列问题的答案,并将答案保存在"实验作业 5"素材中的"搜索答案. docx"文档中。

① 中国少数民族中,人数最多或人数最少的分别是哪个民族?

② 据史籍的记载,"中秋"一词最早出现在哪本书中?

③ 清华大学和北京大学两校的爱心组织和环保组织向全国中小学和高校发出倡议,将哪天定为"中国校园环保日"?

④ 世界最重要的 IT 高科技产业基地硅谷位于美国的哪个洲?

⑤ 发芽的土豆中含有一种毒素,如果摄入过量,可因呼吸麻痹而导致死亡。请问这种毒素是什么?

⑥ 位居世界第二的高峰和洼地分别是什么? 它们的高低落差多少米?

⑦ 请根据"曾经沧海难为水"这一诗句,查找该诗的作者、作者朝代及全文。

⑧ 查找介绍世界名画《蒙娜丽莎》被偷的英文文章。

(2) 按下列要求进行操作,生成的文件均存放于"实验作业5"文件夹中。

① 访问"南京审计大学"的主页,地址是:www.nau.edu.cn,并打开"南审新闻"主题下任意一条新闻的页面浏览,并将该页面保存?

② 查找卢浮宫三件"镇馆之宝"(维纳斯雕像、胜利女神雕像和蒙娜丽莎油画)的图片,下载并保存这三张图片,图片的文件名就是图片的主题。

③ 利用搜索引擎查找一个"微积分"的PPT课件,并下载保存。

④ 利用QQ客户端给你的同学发送信息,信息内容是"将《考研讲座通知》发给你,请查收!",然后将"实验作业5"素材中的"考研讲座通知.docx"传送给同学,并将你和同学的QQ聊天记录截图,保存在"实验作业5"文件夹内,图片的文件名为"截屏图片.jpg"。

⑤ 将"实验作业5"文件夹压缩,压缩文件名为你的学号和姓名(如"17010101 张三"),然后给计算机老师发一封邮件,同时将该邮件抄送给自己,邮件标题为"×××的作业"(×××为你的姓名),邮件正文内容是"附件是已经完成的实验作业5,请老师查阅!",将压缩文件添加到邮件附件。

上机综合练习

上机综合练习 1

一、上机综合练习目的

综合运用已学过的知识和技能,在有关软件中按要求进行操作。

二、上机综合练习准备

- 复习教程相关操作部分内容;
- 复习实验教程实验 1～实验 15 共五个单元内容;
- 下载实验素材"上机综合练习 1"并解压缩至 D 盘。

三、上机综合练习任务

1. Windows 操作

在素材文件夹"上机综合练习 1"中 win 文件夹下进行操作。

(1) 将 CJ\WINHEX\SUB1 文件夹中名为 B2. EXE 的文件改名为 SHOW. EXE;

(2) 将 CJ\SYSTEM 文件夹中的所有 S 开头的文件移到 CJ\SYSTEM\DOS 文件夹中;

(3) 将 CJ\TEMP 文件夹中名为 B3. BMP 的文件的属性设置为只读;

(4) 在 win 文件夹下为 CJ\\SYSTEM 文件夹中的 calc. exe 文件建立快捷方式,快捷方式的名称为:my 计算器;

(5) 删除 CJ\SAMPLE 文件夹中的 CLIP 文件夹。

2. Word 操作

在素材文件夹"上机综合练习 1"中 word 文件夹下进行操作。

(1) 启动 Word 2010,打开 ed1. docx 文档,参考图 6-1 所示的样张进行操作。文章加标题"美丽的玄武湖"。设置标题段文字:黑体、二号、加粗、蓝色。标题段居中,段前段后各 0.5 行,标题段字符间距加宽 1 磅。

(2) 正文第一段设置"首字下沉"的特殊格式:下沉 3 行,红色。除第一段外,正文其他段落设置首行缩进两个字符的特殊格式。

(3) 设置文档每页 40 行,每行 36 个字符;页面边框为绿色、1.5 磅单线方框。

(4) 将正文除第一段外其他段的文字"玄武湖"设置为红色加粗加着重号。

图 6-1　Word 文档完成后样张图

（5）在正文第三、第四段右侧，插入一个"垂直文本框"，文本框内容为"每年 3 月和 4月，樱洲的樱花开放，非常漂亮，吸引了大量的赏花游客。"文本框填充色"黄色"，并设置为2.25 磅橙色外框线。文本框环绕方式为"四周型"。

（6）文章倒数第二段插入素材 word 文件夹下的图片"红莲.jpg"，图片大小设置为高度5cm，宽度 7.5cm。图片环绕方式为"四周型"，图片相对于页面水平居中显示。

（7）文章奇数页页眉设置为"魅力玄武湖"，偶数页页眉设置为"知识科普"，并给文章设置"第 X 页共 Y 页"的页脚，页眉页脚均居中显示。

（8）文章最后一段设置等宽的两栏，栏间加分隔线。

（9）将素材文件夹下"note.txt"文档中文字复制到正文后面（距正文最后一段空一行）。如图 6-1 所示，将文字转换为 3 列 11 行的表格，设置表格每列标题行内容居中并加粗显示，表格最底部增加一行，合并最后一行第一个和第二个单元格，并输入内容"平均面积"，然后用 SUM() 函数计算出平均面积。

（10）完成后以原文件名保存文档。

3. Excel 操作

在素材文件夹"上机综合练习 1"中 excel 文件夹下进行操作。

（1）启动 Excel 2010，调入 ex1.xlsx 文件，复制工作表"成绩单"生成新的工作表"成绩单备份"，然后保护工作表"成绩单备份"，设置保护密码为"123"。

（2）在工作表"成绩单"中进行操作：分别在 G1 和 H1 单元格分别输入"总分""平均分"。利用 SUM 函数和 AVERAGE 函数分别在 G2：G30 区域和 H2：H30 区域计算各个学生的总分和平均分,并设置 H2:H30 区域保留两位小数的格式。

(3) 在工作表"成绩单"的第一行前面增加一行,在 A1 单元格输入内容"学生期末成绩单"。设置文字为:黑体、20 号、加粗、红色,设置 A1 到 H1 区域合并单元格居中。

(4) 参考图 6-2 样张一,设置工作表"成绩单"A1:H31 区域外框线为最粗蓝色,内框线为最细黑色。设置 A1:H1 区域黄色底纹填充。

	A	B	C	D	E	F	G	H
1				学生期末成绩单				
2	学号	姓名	班级	语文	数学	英语	总分	平均分
3	011021	李新	1班	78	69	95	242	80.67
4	011022	王文辉	1班	70	67	73	210	70.00
5	011023	张磊	1班	67	78	65	210	70.00
6	011024	郝心怡	1班	82	73	87	242	80.67
7	011025	王力	1班	89	90	63	242	80.67
8	011026	孙英	1班	66	82	52	200	66.67
9	011027	张在旭	1班	50	69	80	199	66.33
10	011028	金翔	2班	91	75	77	243	81.00
11	011029	扬海东	1班	68	80	71	219	73.00
12	011030	黄立	1班	77	53	84	214	71.33
13	012011	王春晓	2班	95	87	78	260	86.67
14	012012	陈松	2班	73	68	70	211	70.33
15	012013	姚林	2班	65	76	67	208	69.33
16	012014	张雨涵	2班	87	54	82	223	74.33
17	012015	钱民	2班	63	82	89	234	78.00
18	012016	高晓东	2班	52	91	66	209	69.67
19	012017	张平	3班	80	78	50	208	69.33
20	012018	李英	2班	77	66	91	234	78.00
21	012019	黄红	2班	71	76	68	215	71.67
22	012020	李新	2班	84	82	77	243	81.00
23	013003	张磊	2班	68	73	69	210	70.00
24	013004	王力	3班	75	65	67	207	69.00
25	013005	张在旭	3班	52	87	78	217	72.33
26	013006	扬海东	2班	86	63	73	222	74.00
27	013007	陈松	3班	94	81	90	265	88.33
28	013008	张雨涵	3班	78	80	82	240	80.00
29	013009	高晓东	3班	66	77	69	212	70.67
30	013010	李英	3班	76	51	75	202	67.33
31	013011	王文辉	3班	82	84	80	246	82.00

图 6-2　样张一

(5) 将工作表"成绩单"复制三份,分别命名为"统计""筛选""图表"。

(6) 在工作表"统计"表中进行操作。参考图 6-3 所示的样张二,在"班级"列和"语文"列之间插入一列,并命名为"转班"。转班列内容如下:

学号的第 3 位表示的是班级信息,如果班级列中的班级数字和学号第 3 位数字不一致,则表示转过班级,那么"转班"列显示"是",否则显示"否",参考样张二利用 IF 函数和 MID 函数填写"转班"列信息。

(7) 参考图 6-3 所示的样张二,工作表"统计"表 I3:I31 区域均分低于 70 分的单元格,设置为红色加粗文字、蓝色底纹的条件格式。

(8) 在工作表"筛选"表中参考图 6-4 所示的样张三,在原数据区利用自动筛选功能筛选出"1 班"且语文成绩大于 70 分的记录。

(9) 在工作表"图表"中进行操作。参考图 6-5 所示的样张四,统计出各个班级"语文""数学""英语"三门课程的平均分,汇总结果显示在数据的下方,并隐藏数据清单中所有的详细数据。参考图 6-5 样张四,根据 C12:D34 单元格区域数据,绘制出三个班级语文平均分的簇状柱形图插入到同一工作表中。图表的标题为"语文成绩平均分",显示在上方。图例"无"。数据显示在"数据标签外"。

学号	姓名	班级	转班	语文	数学	英语	总分	平均分
							学生期末成绩单		
011021	李新	1班	否	78	69	95	242	80.67
011022	王文辉	1班	是	70	67	73	210	70.00
011023	张磊	1班	否	67	78	65	210	70.00
011024	郝心怡	1班	否	82	73	87	242	80.67
011025	王力	1班	否	89	90	63	242	80.67
011026	孙英	1班	否	66	82	52	200	
011027	张在旭	1班	否	50	69	80	199	
011028	金翔	2班	否	91	75	77	243	81.00
011029	扬海东	1班	否	68	80	71	219	73.00
011030	黄立	1班	是	77	53	84	214	71.33
012011	王春晓	2班	否	95	87	78	260	86.67
012012	陈松	2班	是	73	68	70	211	70.33
012013	姚林	2班	否	65	76	67	208	
012014	张雨涵	2班	否	87	54	82	223	74.33
012015	钱民	2班	否	63	82	89	234	78.00
012016	高晓东	2班	否	52	91	66	209	
012017	张平	3班	否	80	78	50	208	
012018	李英	2班	否	77	66	91	234	78.00
012019	黄红	2班	是	71	76	68	215	71.67
012020	李新	2班	否	84	82	77	243	81.00
013003	张磊	2班	否	68	73	69	210	70.00
013004	王力	3班	是	75	65	67	207	
013005	张在旭	3班	否	52	87	78	217	72.33
013006	扬海东	2班	否	86	63	73	222	74.00
013007	陈松	3班	否	94	81	90	265	88.33
013008	张雨涵	3班	是	78	80	82	240	80.00
013009	高晓东	3班	否	66	77	69	212	70.67
013010	李英	3班	否	76	51	75	202	
013011	王文辉	3班	否	82	84	80	246	82.00

图 6-3　样张二

学号	姓名	班级	语文	数学	英语	总分	平均分
				学生期末成绩单			
011021	李新	1班	78	69	95	242	80.67
011024	郝心怡	1班	82	73	87	242	80.67
011025	王力	1班	89	90	63	242	80.67
011030	黄立	1班	77	53	84	214	71.33

图 6-4　样张三

（10）参考图 6-6 所示的样张五，根据工作表"成绩单"提供的数据，建立数据透视表，按照班级统计各个班人数。要求隐藏数据透视表前两行，结果保存在工作表"班级人数"中。

（11）完成上述所有操作后，以原文件名保存文档。

4. PowerPoint 操作

在素材文件夹"上机综合练习 1"中 ppt 文件夹下进行操作。

（1）启动 PowerPoint 2010，打开文件 ep1.pptx，设置演示文稿的主题为素材文件夹中的"ep1.thmx"。设置幻灯片大小为"全屏显示（16：9）"。

（2）参考图 6-7 所示的样张，在第一张幻灯片右下方插入素材文件夹下的图片文件"玄武湖.jpg"，设置图片宽度为 15cm，图片位置左上角距水平 10cm，垂直 7cm。设置图片进入动画效果为"单击时浮入，持续时间 1.5 秒"。

（3）参考图 6-7 所示的样张，设置第二张幻灯片中文本框的高度和宽度分别为 9cm 和18cm，填充效果为纹理"花束"，参考样张将文本框拖放至适当位置。

（4）参考图 6-7 所示的样张，设置第三张幻灯片中文字内容分别超链接到本文档中相应的幻灯片。

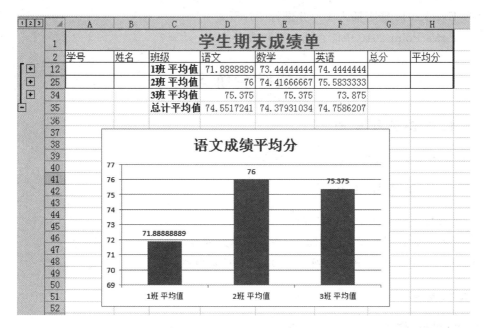

图 6-5　样张四

图 6-6　样张五

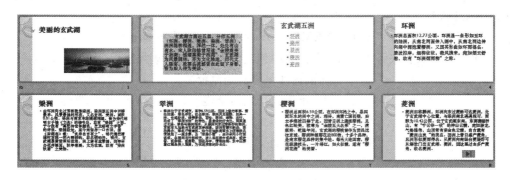

图 6-7　PPT 完成后样张图

（5）参考图 6-7 所示的样张,在最后一张幻灯片底部插入动作按钮"结束",并设置动作"结束放映"。设置形状样式为下拉列表中第二行第三列效果"彩色填充-金色,强调颜色 2"。

（6）完成设置后,以原文件名保存。

四、思考与实践

（1）如何利用 Word 2010 自动生成目录?

（2）Excel 2010 能否插入图片并进行图片设置？

（3）PowerPoint 2010 中能否插入视频或者 Flash 动画？

上机综合练习 2

一、上机综合练习目的

综合运用已学过的知识和技能，在有关软件中按要求进行操作。

二、上机综合练习准备

- 复习教程相关操作部分内容；
- 复习实验教程实验 1～实验 15 共五个单元内容；
- 下载实验素材"上机综合练习 2"并解压缩至 D 盘。

三、上机综合练习任务

1. Windows 操作

在素材文件夹"上机综合练习 2"中 win 文件夹下进行操作。

（1）在 HOWU 文件夹中创建名为 DBP7. TXT 的文件，并设置为只读属性。

（2）将 JPNQ 文件夹中的 AEPD. BAK 文件复制到 MAXH 文件夹中，文件更名为 MADH. BAK。

（3）为 MPEG 文件夹中的 DIVAL. EXT 文件建立名为 KEHD 的快捷方式，并存放在 win 文件夹下。

（4）将 ERPO 文件夹中 SGACYL. DAT 文件移动到 win 文件夹下，并改名为 ADMICR. DAT。

（5）搜索 win 文件夹下的 ANEMP. FOR 文件，然后将其删除。

（6）在 win 文件夹下的 TXT 文件夹中创建文本文件"浪淘沙-李煜. txt"，内容为：

《浪淘沙·帘外雨潺潺》

年代：唐作者：李煜

帘外雨潺潺，

春意阑珊。

罗衾不耐五更寒。

梦里不知身是客，

一晌贪欢。

独自莫凭栏，

无限江山，

别时容易见时难。

流水落花春去也，

天上人间。

2．Word 操作

在素材文件夹"上机综合练习2"中 word 文件夹下进行操作。

（1）启动 Word 2010，打开 ed2.docx 文档，参考图 6-8 所示的样张进行操作。文章第一行设置为标题段。设置标题段文字：宋体、二号、加粗、水平居中。在页面底端给标题段添加脚注：摘自中国审计出版社《社会主义中国审计制度的创建》。脚注字体设置为：楷体，六号。

（2）参考图 6-8 所示的样张，给文章中蓝色文字分别添加 1.1、1.2、1.3 标号，并设置字体：小三号、加粗。文档中绿色文字添加圆形项目符号，字体：四号、加粗。

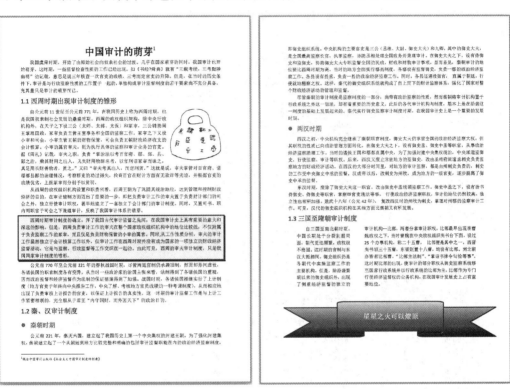

图 6-8　Word 文档完成后样张图

（3）设置正文除蓝色、绿色小标题段外，其他段落首行缩进 2 个字符的特殊格式。

（4）在正文段落"自公元前 11 世纪……"到"……上报家宰而分别予以赏罚。"中插入素材文件夹下的图片"pic.jpg"，图片设置为水平相对于栏右对齐，长宽均为 4cm，四周型环绕方式。

（5）设置正文段落，从"西周时期审计制度的确立……"到"……只是我国国家审计制度的雏形。"设置为蓝色 2.25 磅的阴影边框，黄色底纹。

（6）设置正文倒数第二段为偏左的两栏，栏间间隔 3 个字符。

（7）设置页边距上下左右分别为 2.5cm。并设置每页 44 行，每行 43 个汉字。

（8）将最后一段从文章中删除，并以文件名 write，文件类型 RFT 保存到素材文件夹下。

（9）在文章最后插入"上凸带形"自定义图形，输入文字内容"星星之火可以燎原"，三号，加粗。设置自定义图形填充效果为渐变填充中预设的熊熊火焰效果。

（10）完成操作后以原文件名保存文档。

3. Excel 操作

在素材文件夹"上机综合练习 2"中 excel 文件夹下进行操作。

（1）启动 Excel 2010，调入 ex2.xlsx 文件，复制工作表"工资表"生成新的工作表"工资表备份"。

（2）参考图 6-9 所示的样张一，在工作表"工资表"中进行操作。在"工作日期"之前添加一列"年龄段"，公民 18 位身份证号的第 7～14 位表示出生日期，如身份证号为 320110198706217834，则该客户为"80 后"，利用 MID 函数和字符连接运算符"&"填充年龄段列。

工号	姓名	性别	职称	身份证	年龄段	工作日期	基本工资（元）	收入排名
E0001	王一平	男	助教	320110198706217834	80后	2009/8/3	450	31
E0002	李 刚	男	副教授	320102199001095659	90后	2006/8/6	1050	10
H0001	程东萍	女	教授	230801195010241446	50后	1974/8/9	1660	2
E0006	赵 龙	女	教授	41128119801212934X	80后	2012/8/6	1400	5
G0002	张 彬	女	副教授	130203196003209427	60后	1992/8/4	860	16
G0001	刘海军	女	助教	350205198310290306	80后	2000/8/2	420	32
B0001	方 媛	女	讲师	513221199402091774	90后	2013/8/3	510	26
E0004	王大龙	女	副教授	350201197505098605	70后	1997/8/6	1000	12
B0003	高 山	女	讲师	230107198412106186	80后	2014/8/4	610	21
B0002	陈 林	男	教授	331082198303175861	80后	2003/8/9	1700	1
H0002	吴 凯	男	讲师	321002198001232933	80后	1997/8/6	510	26
D0001	蒋友舟	男	副教授	330881198512036512	80后	2010/8/5	900	14
G0003	张德龙	男	讲师	450122198801266161	80后	2009/8/3	540	24
A0001	陆友情	男	讲师	522728198008190115	80后	1997/8/3	510	26
A0002	曹 芳	女	副教授	511702198104043004	80后	2012/8/4	860	16
A0003	王汝刚	男	教授	150784197505113730	70后	1997/8/6	1350	7
D0002	钱向前	女	副教授	370725198307062325	80后	2014/8/6	1100	8
D0003	孙向东	男	教授	140900199302221230	90后	2011/8/7	1400	5
H0003	强宏伟	男	副教授	330781198905296555	80后	2013/8/6	1000	12
H0004	边晓丽	女	讲师	370901198907194655	80后	2008/8/3	490	29
H0005	谈家常	男	副教授	370901198502252554	80后	2005/8/4	760	20
E0007	姜美群	男	副教授	15040319890808847X	80后	2016/8/6	1050	10
G0004	周大年	男	副教授	150784198410279417	80后	2004/8/4	770	19
B0004	武 刚	女	讲师	360733197801036337	70后	1998/8/3	490	29
B0005	黄宏庆	女	副教授	510107197811305986	70后	1999/8/5	900	14
D0004	焦 洁	女	讲师	542421199104259124	90后	2008/8/4	610	21
A0004	谢 涛	男	教授	44172319870120990X	80后	2011/8/7	1460	4
G0005	徐全明	男	副教授	430281199001135290	90后	2015/8/16	1100	8
B0006	王耀辉	男	助教	445381199108079091	90后	2011/8/2	410	33
A0005	柏 松	男	副教授	610323198308051519	80后	2006/8/3	540	24
C0001	汪 杨	女	教授	441801197604125280	70后	1997/8/8	1500	3
F0001	田晓光	男	讲师	371101199204249498	90后	2013/8/4	610	21
I0001	刘 凯	男	副教授	140602198011224652	80后	2012/8/4	860	16

图 6-9 样张一

（3）在工作表"工资表"的第 I1 单元格输入"收入排名"，然后利用 RANK.EQ 函数统计每位教师的基本工资排名，要求使用绝对地址引用必要的单元格，结果显示在 I2：I34 区域。

（4）在工作表"工资表"的第一行前面增加一行，在 A1 单元格输入内容"全校教师基本工资明细表"。设置文字为：隶书、20 号、加粗、蓝色、在 A1～I1 区域跨列居中。设置 A2：I2 单元格文字加粗居中。

（5）设置工作表"工资表"的 A1：I35 区域外框线为蓝色双线、内框线为绿色最细单线。A1：I2 区域黄色底纹填充。

（6）将"工资表备份"复制三份，分别命名为：统计、筛选、图表。

（7）在工作表"统计"中参考图 6-10 所示的样张二进行操作。在单元格 I4、I5 分别输入"男教师人数"和"女教师人数"，利用 COUNTIF 函数在 J4、J5 分别计算出男教师人数和女教师人数。在单元格 I7、I8 输入"男教师平均工资"和"女教师平均工资"，然后利用 SUMIF 函数和刚刚计算出的结果在 J7、J8 单元格分别填入男教师平均工资和女教师平均工资。

	A	B	C	D	E	F	G	H	I	J
1	工号	姓名	性别	职称	身份证	工作日期	基本工资（元）			
2	E0001	王一平	男	助教	320110198706217834	2009/8/3	450			
3	E0002	李 刚	男	副教授	320102199001095659	2006/8/6	1050			
4	H0001	程东萍	女	教授	230801195010241446	1974/8/9	1660		男教师人数	19
5	E0006	赵 龙	女	教授	411281198012129341X	2012/8/7	1400		女教师人数	14
6	G0002	张 彬	女	副教授	130203196003209427	1992/8/4	860			
7	G0001	刘海军	女	助教	350205198310290306	2000/8/2	420		男教师平均工资	840.5263
8	B0001	方 媛	男	讲师	513221199402091774	2013/8/3	510		女教师平均工资	957.8571
9	E0004	王大龙	女	副教授	350201197505098605	1997/8/6	1000			

图 6-10 样张二

（8）在工作表"筛选"的第一行前面增加三行作为高级筛选条件输入区域，然后利用高级筛选功能筛选出基本工资大于 1000 元的男教师的记录。结果如图 6-11 所示。

	工号	姓名	性别	职称	身份证	工作日期	基本工资（元）
4							
6	E0002	李 刚	男	副教授	320102199001095659	2006/8/6	1050
14	B0002	陈 林	男	教授	331082198303175851	2003/8/9	1700
20	A0003	王汝刚	男	教授	150784197505113730	1997/8/6	1350
22	D0003	孙向东	男	教授	140900199302221230	2011/8/7	1400
26	E0007	姜美群	男	副教授	15040319890808847X	2016/8/6	1050
32	G0005	徐全明	男	副教授	430281199001135290	2015/8/16	1100

图 6-11 样张三

（9）在工作表"图表"中进行操作。首先对数据清单中数据按照职称"助教、讲师、副教授和教授"的顺序进行排序，然后按职称统计各职称基本工资的平均值。汇总结果显示在数据下方，隐藏数据清单中所有的详细数据，分类汇总结果如图 6-12 所示。

	A	B	C	D	E	F	G
1	工号	姓名	性别	职称	身份证	工作日期	基本工资（元）
5				助教 平均值			426.6666667
16				讲师 平均值			542
30				副教授 平均值			939.2307692
38				教授 平均值			1495.714286
39				总计平均值			890.3030303

图 6-12 样张四

（10）根据工作表"图表"中 D1：D38 和 G1：G38 两列数据，绘制图 6-13 所示的三维簇状柱形图，以独立表插入到新建工作表"职称工资图表"，并设置图表标题内容为"各职称基本工资柱形图"。数值轴刻度主要刻度单位为 100，基底的填充效果为纹理"新闻纸"。

（11）参考图 6-14 所示的样张六，根据工作表"工资表备份"提供的数据，建立数据透视表，按照性别统计各个职称的比例。要求不显示列总计和行总计，结果保存在工作表"职称比例"中。完成后以原文件名保存文档。

4. PowerPoint 操作

在素材文件夹"上机综合练习 2"中 ppt 文件夹下进行操作。

（1）启动 PowerPoint 2010，打开文件 ep2.pptx，设置演示文稿的主题为"波形"。在幻灯片母版视图中修改母版：将主题字体设置为"奥斯汀"，在"标题幻灯片"中修改标题字号

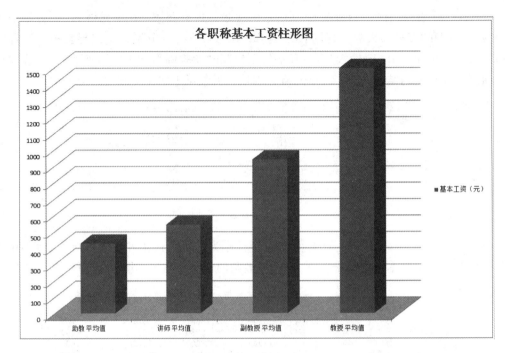

图 6-13　样张五

	A	B	C	D	E
1					
2					
3	**各职称比例**	**职称**			
4	**性别**	**助教**	**讲师**	**副教授**	**教授**
5	男	10.53%	31.58%	42.11%	15.79%
6	女	7.14%	28.57%	35.71%	28.57%
7					

图 6-14　样张六

大小为 60，副标题字号为 36。

(2) 修改第二张幻灯片的版式为“图片与标题”，然后在图片区添加素材文件夹中的图片“创业.jpg”，并设置图片的进入效果为“形状”“在上一动画之后”，持续 1s。

(3) 设置第三张幻灯片中形状的超链接，分别链接到本文档中相应的幻灯片。

(4) 参考图 6-15 所示的样张，在最后一张幻灯片适当位置插入动作按钮“第一张”，并设置动作“链接到第 3 张幻灯片”，设置形状样式为下拉列表中第三行第六列效果“浅色 1 轮廓，彩色填充-金色，强调颜色 5”。

(5) 在幻灯片底部居中插入幻灯片编号，且第一张幻灯片不显示。

(6) 完成设置后，以原文件名保存。

四、思考与实践

(1) 如何在 Word 2010 设置标题样式？

(2) Excel 2010 能否设置超级链接？

(3) PowerPoint 2010 中能否插入网络视频？

图 6-15　PPT 完成后样张图

自测题答案

第 1 章

1. D　2. B　3. B　4. D　5. D　6. B　7. A　8. B　9. A　10. A
11. B　12. B　13. A　14. A　15. D　16. B　17. A　18. B　19. C　20. D
21. C　22. C　23. C　24. C　25. C　26. A　27. C　28. B　29. B　30. C
31. C　32. B　33. B　34. A　35. A　36. A　37. B　38. D　39. A　40. C
41. C　42. A　43. B　44. B　45. A　46. D　47. D　48. B　49. B　50. A
51. C　52. C　53. A　54. C　55. C　56. C　57. A　58. D　59. A　60. B
61. B　62. B

第 2 章

1. C　2. A　3. A　4. D　5. B　6. C　7. A　8. B　9. B　10. D
11. A　12. B　13. C　14. D　15. A　16. A　17. D　18. A　19. C　20. D
21. A　22. C　23. D　24. D　25. B　26. B　27. C　28. C　29. A　30. B
31. B　32. C　33. C　34. C　35. C　36. D　37. C　38. B　39. A　40. A
41. A　42. B　43. C　44. B　45. A　46. D　47. A　48. B　49. A　50. A
51. C　52. D　53. B　54. C　55. C　56. C　57. B　58. B　59. D　60. C
61. C　62. B　63. B　64. B　65. B　66. B　67. C　68. D　69. D　70. B
71. D　72. B　73. B　74. C　75. C　76. B　77. A　78. A　79. D　80. C
81. C　82. C　83. B　84. D　85. A　86. D　87. A　88. D　89. D　90. B

第 3 章

1. A　2. D　3. C　4. B　5. B　6. A　7. D　8. B　9. C　10. B
11. D　12. A　13. C　14. C　15. B　16. C　17. D　18. B　19. C　20. C

第 4 章

1. C　2. A　3. B　4. C　5. B　6. A　7. A　8. D　9. A　10. C
11. A　12. B　13. D　14. C　15. D

第 5 章

1. C　2. D　3. A　4. B　5. D　6. A　7. C　8. B　9. A　10. B
11. C　12. C　13. A　14. B　15. B

第 6 章

1. D　2. B　3. A　4. D　5. C　6. C　7. D　8. C　9. B　10. B
11. B　12. C　13. D　14. C　15. A

第 7 章

1. D   2. D   3. D   4. C   5. A   6. D   7. D   8. C   9. A   10. C

11. A   12. B   13. C   14. C   15. D

第 8 章

1. D   2. C   3. D   4. C   5. D   6. C   7. C   8. C   9. A   10. A

11. A   12. A   13. D   14. C   15. D   16. C   17. B   18. B   19. C   20. D

21. D   22. A   23. A   24. D   25. C   26. C   27. B   28. B   29. B   30. B

31. B   32. D   33. A   34. A   35. B   36. C   37. C   38. D   39. A   40. B

41. D   42. A   43. C   44. A   45. B   46. D   47. A   48. A   49. D   50. D

参 考 文 献

[1]　教育部考试中心.全国计算机等级考试一级教程——计算机基础及 MS Office 应用[M].北京：高等教育出版社,2016.

[2]　全国计算机等级考试命题研究中心,未来教育教学与研究中心.全国计算机等级考试上机考试题库一级计算机基础及 MS Office 应用[M].成都：电子科技大学出版社,2016.

[3]　教育部高教司.高等学校文科类专业大学计算机教学要求[M].6 版.北京：高等教育出版社,2011.

[4]　王必友,张明,蔡绍稷.大学计算机信息技术实验指导[M].5 版.南京：南京大学出版社,2012.

[5]　郑少京.Office 2010 基础与实战[M].北京：清华大学出版社,2012.

[6]　李菲.计算机基础实用教程(Windows 7＋Office 2010 版)[M].北京：清华大学出版社,2012.

[7]　黄洪波.计算机应用基础项目化教程[M].北京：科学出版社,2011.

[8]　宋翔.Office 2010 完全掌握[M].北京：人民邮电出版社,2011.

[9]　高升宇,张郭军.大学计算机基础实验指导[M].北京：中国人民大学出版社,2010.